元素よもやま話

——元素を楽しく深く知る——

馬場 祐治

本の泉社

《目次》

はじめに

新聞やテレビのニュースで、毎日のように「水素エネルギー」、「リチウム電池」、「脱炭素社会」など、さなざまな「元素」の名前が出てきます。私たちの身の回りにも、「アルミホイル」、「ネオンサイン」など、元素の名前を含むものがたくさんあります。そもそも「金」、「銀」、「銅」や「鉄」といった身近な金属は、元素の名前そのものです。最近では、福島第一原子力発電所の事故以来、「セシウム」、「ヨウ素」などという、聞き慣れない元素の名前もよく耳にするようになりました。

私たちのまわりにある、あらゆる物質や生物はすべて「元素」の組み合わせでできています。私たち自身の体も、「炭素」、「酸素」、「水素」といった元素を中心に形作られています。その「元素」は、人工的に作られたものを除くと、たかだか100種類にも満たない数しかありません。それらの元素が、くっついたり離れたりして、世界を形作っています。

ところで元素を英語のアルファベットで表したものを「元素記号」といいます。元素記号は、すべてアルファベット1文字か2文字からできていています。たとえば水素は1文字で「H」、金は2文字で「Au」です。これらは「周期律表」という一覧表に整理されています。この「周期律表」には、様々な形のものがありますが、一つの例を図1に示します。一番軽い水素を「原子番号1」として、そこから同じ行では右に行くほど、同じ列では下に行くほど原子番号が増えていきます。つまり重くなっていきます。そして大まかに言って、92番目のウランまでは、私たちの身の回りにある元素です。「大まかに言って」と書いたのは、実はウランより軽い元素でも、例えば43番目の元素の「Tc　テクネチウム」や61番目の「Pm　プロメチウム」は、天然にはほとんどないからです。一方、ウランより重い93番目からの元素は、天然にはほとんどなく、人工的に作られたものです。95番目からは元素記号が書いてありませんが、実は元素の名前が決まっているものも多くあります。ただ少々専門的なので、この本では省いて、原子番号だけ書いてあります。最近では、113番目の元素を合成することに日本の科学者が成功し、その元素に「ニホニウム」という名前がつき、話題になりました。いったいこの先どこまで重い元素があるのかということは、まだよくわかっていません。

さて、これからこの周期律表にある元素ひとつひとつについて、思いつくままに元素の素顔について語っていこうと思います。それぞれの元素の物理化学的性質や生物への影響といった堅苦しいことは、教科書や百科事典を読めばいいですし、最近ではインターネットやスマホでウィキペディアのような検索サイトを見れば、正確な情報がすぐに手に入ります。ですから、これから始めるのは、元素にまつわる歴史や社会などの話をおりまぜた「よもやま話」です。科学を専門家にしない人、特に「文系」と言われる人にもわかるように、できるだけやさしく書いたつもりです。どうしても必要な時以外は、「亀の甲」といわれる化学式や、化学反応式はなるべく使わないようにしました。どうぞ気楽にお付き合いください。

どういう順番に始めようかと思いましたが、原子番号１番の水素から順に話し始めると、辞書のようになってしまって、ちょっと退屈です。特に、あとで説明する「遷移金属」や「ランタノイド」と呼ばれる一連の元素は、同じような性質の元素が順番に続いてしまいます。ランダムに語っていくのも統一感がなくて変です。そこで、元素記号をアルファベット順に並べてA、B、C順に語っていくことにしました。ですから、どこから読んでいただいても結構です。周期律表の全元素と言っても、先ほど述べたとおり、ウランより重い元素は、人工的に作られた元素なので量が少なく、しかも放射能をもつので一般に使われていないので省きました。ただし、ウランの次のネプツニウム（Np）とプルトニウム（Pu）は人工的に作られた元素ですが、原子力の分野では重要な元素なのでふれることにします。

元素の中には、水素（H）、炭素（C）、窒素（N）、酸素（O）のように、たくさんの「よもやま話」があり、それだけで１冊の本になる元素がある反面、ディスプロシウム（Dy）、アスタチン（At）などのように、一般の人にはなじみのない元素もあります。ただ、この本ではできるだけ、なじみの薄い元素にもスポットを当てるため、すべての元素をなるべく同じように取り上げようと思います。そのため、有名な元素についての話は、若干舌足らずになってしまいました。また話の内容が、筆者の専門に近い、材料、放射線、原子力といった分野に偏ってしまい、生物関係の話が少なくなってしまいました。ご容赦ください。

それでは、まずAのつく元素から「よもやま話」をはじめましょう。

1 H 水素																	2 He ヘリウム
3 Li リチウム	4 Be ベリリウム											5 B ホウ素	6 C 炭素	7 N 窒素	8 O 酸素	9 F フッ素	10 Ne ネオン
11 Na ナトリウム	12 Mg マグネシウム											13 Al アルミニウム	14 Si ケイ素	15 P リン	16 S イオウ	17 Cl 塩素	18 Ar アルゴン
19 K カリウム	20 Ca カルシウム	21 Sc スカンジウム	22 Ti チタン	23 V バナジウム	24 Cr クロム	25 Mn マンガン	26 Fe 鉄	27 Co コバルト	28 Ni ニッケル	29 Cu 銅	30 Zn 亜鉛	31 Ga ガリウム	32 Ge ゲルマニウム	33 As ヒ素	34 Se セレン	35 Br 臭素	36 Kr クリプトン
37 Rb ルビジウム	38 Sr ストロンチウム	39 Y イットリウム	40 Zr ジルコニウム	41 Nb ニオブ	42 Mo モリブデン	43 Tc テクネチウム	44 Ru ルテニウム	45 Rh ロジウム	46 Pd パラジウム	47 Ag 銀	48 Cd カドミウム	49 In インジウム	50 Sn スズ	51 Sb アンチモン	52 Te テルル	53 I ヨウ素	54 Xe キセノン
55 Cs セシウム	56 Ba バリウム	57 La ランタン	72 Hf ハフニウム	73 Ta タンタル	74 W タングステン	75 Re レニウム	76 Os オスミウム	77 Ir イリジウム	78 Pt 白金	79 Au 金	80 Hg 水銀	81 Tl タリウム	82 Pb 鉛	83 Bi ビスマス	84 Po ポロニウム	85 At アスタチン	86 Rn ラドン
87 Fr フランシウム	88 Ra ラジウム	89 Ac アクチニウム	104	105	106	107	108	109	110	111	112	113	114				

ランタノイド元素	58 Ce セリウム	59 Pr プラセオジム	60 Nd ネオジム	61 Pm プロメチウム	62 Sm サマリウム	63 Eu ユーロピウム	64 Gd ガドリニウム	65 Tb テルビウム	66 Dy ディスプロシウム	67 Ho ホルミウム	68 Er エルビウム	69 Tm ツリウム	70 Yb イッテルビウム	71 Lu ルテチウム
アクチノイド元素	90 Th トリウム	91 Pa プロトアクチニウム	92 U ウラン	93 Np ネプツニウム	94 Pu プルトニウム	95	96	97	98	99	100	101	102	103

図1　元素の周期律表。上から、原子番号、元素記号、元素名。原子番号が93番以上の元素は、人工的に作られたものである。95番以上の元素は、元素記号と元素の名前がすでに決まっているものもあるが、ここでは原子番号だけ示した。

Ac　アクチニウム
――ウランより２億倍も強い放射能――

89 Ac

元素記号を ABC 順に並べると最初に来るのが、「Ac」つまり「アクチニウム」です。ずいぶん聞きなれない元素からお話を始めなければなりません。

アクチニウムは金属ですが、あまりなじみがない方が多いでしょう。いや、科学を専門している人でも、あまりアクチニウムを見たり取り扱ったりしたことのある人は少ないと思います。というのは、アクチニウムはラジウムやウランのように放射線を出すため、あまり私たちの身の回りでは使われていないからです。その上、アクチニウムが出す放射線は非常に強いので、ますますやっかいです。

みなさんは、アクチニウムよりむしろウラン（U）の方が、放射能が強くて怖いというイメージがあると思います。ウランが怖いと思われているのは、ウランの中にわずかに存在する核分裂を起こすタイプのウランが、連鎖反応を起こして次々と分裂していくからです。ところが実際には、天然のウランが出す放射能はそれほど強くありません。天然のウランは、黄色い色を出すための塗料やガラスに色を付けるための材料として昔から使われていたくらいです。ここでちょっと、ウランとアクチニウムの放射能を比べてみましょう。

放射能の強さを比べる時は、「半減期」を比べてみるのが手っ取り早い方法です。半減期というのは、文字通り物質が半分になる時間です。例えば、お風呂に水をためておき、栓を抜いたときに水の量が半分になる時間と考えればいいでしょう。排水溝の穴が大きければ半減期が短く、排水溝にどっと水が流れます。排水溝の穴が小さければ半減期が長く、排水溝からは、ちょろちょろと水が流れます。排水溝の水の流れが放射能の強さです。

さて、アクチニウムの中で最も多いアクチニウム -227（この数字は質量数という）の半減期は約 22 年ですが、天然ウラン（ウラン -238）の半減期はなんと約 45 億年もあります。つまりウランの半減期はアクチニウムの２億倍もあります。ですからアクチニウムとウランがそれぞれ１グラムあるとすると、アクチニウムの放射能はウランの2億倍も強いということになります。

これほど放射能の強いアクチニウムですが、驚くべきことに、放射能を出す元素としては、最初に純粋な形で分離された元素です。フランスの化学者、アンドレ・ルイ・ドゥビエルヌ（1874-1949）という人が1899年に分離しました。ドゥビエルヌはキュリー夫人（1867-1934）やその夫のピエール・キュリー（1859-1906）と親しく、共同で研究をしている最中に、アクチニウムを発見しました。当時、キュリー夫妻はピッチブレンドというウラン鉱石の中からラジウムを分離する研究をしていたのですが、ドゥビエルヌは、キュリー夫人らがラジウムを分離した残りの物質をもらい、そのなかからアクチニウムを発見しました。アクチニウムの名前は、文字通り「光線」や「放射線」を意味するギリシャ語の「Aktinos」から来ています。

ところで「アクチノイド」という言葉を聞いたことがある方がいるかもしれません。このアクチノイドというのは、ウランやプルトニウムといった原子炉の燃料に使われる元素を含む一連の放射性元素のグループの名称です。原子番号で言うと、89番のアクチニウムから103番のローレンシウム（Lr）までの15種類の元素を言います。アクチニウムが最初なので、アクチノイドは「アクチニウムの系列に属する元素」という意味です。なぜアクチニウムが最初になっているのでしょうか？これには理由があります。

普通は原子番号がひとつ大きくなると、元素の化学的性質はがらっと変わります。たとえば、酸素（O:原子番号8）の次はフッ素（F:原子番号9）ですが、この二つの元素の性質は全く異なります。というのは、原子番号がひとつ大きくなると、原子の一番外側にある軌道に電子がひとつ増えるのですが、その電子が化学的性質を決定するからです。ところがアクチニウム（原子番号89）の次の元素であるトリウム（原子番号90）は一番外側の軌道に電子がひとつ増えるのではなく、少し内側の軌道に電子が増えるのです。この内側の軌道の電子というのは、あまり化学的な性質には関係しません。103番のローレンシウムまでは同じように内側の電子がだんだん増えてきます。ですから、15個のアクチノイド元素というのは化学的な性質がよく似ているのです。このような不思議な現象は、ランタン（La:原子番号57）から始まる一連の元素で顕著に起こります。これをランタノイド元素といいますが、またランタンのところでふれましょう。

Ag　銀
——毒を見破る金属——

47 Ag

日本では銀のことを昔は「しろがね」と呼びました。白く光っているからでしょう。東京の港区に「白金台（“しろがねだい”または“しろかねだい”）という地名があります。なんだか「白金（はっきん）」のように思えますが、これは銀のことです。その昔、白金台近くに、銀でお金を儲けた長者がいたことからこの地名が付いたといわれています。ちなみに、金は「こがね」、銅は「あかがね」、鉄は「くろがね」です。たしかに色としては、金は「黄色」、銅は「赤」、鉄は「黒」に見えます。どうしてこのように金属によって色が違うのかを科学的に説明するのは大変で、非常に難しい数式が必要です。ただ、この中で鉄が黒いのは、表面がさびて酸化物になっているため、その酸化物の黒色を見ているだけです。

さて、日本は昔から世界でも有数の銀の産出国でした。最初に日本で銀の産出が始まったのは飛鳥時代です。対馬の銀山が最初と言われています。その後、次々と銀山が開発され、戦国時代には日本は世界有数の銀産出国となり、銀は、主要な輸出品でした。なかでも石見銀山は有名で、世界遺産にもなっています。もっとも日本で多く産出される金属は銀だけではなく、金や銅も多く採れました。こう書くと、「資源のない国、日本」というイメージとだいぶ違いますが、これらの貴金属に限らず、日本には昔から様々な金属が埋蔵されていました。その中でもヨーロッパで「黄金の国、ジパング」と言われたことからわかる通り、日本で採れる金が一番有名でした。

ところで、オリンピックのメダルを見てもわかるとおり、どうしても金と銀を比べると、金の方が、価値があるようです。将棋の駒でも、金のほうが銀よりも少し価値があると思われていて、王様（本当は玉“ぎょく”です）のすぐ隣にいます。

昔から、おおよそ金の価格は銀の５倍から10倍というのが相場です。ただ、銀の方が光を反射する能力が大きいので、鏡のない時代には銀の方が重宝がられました。余談ですが、「銀座」という地名は、江戸時代に銀貨を製造していたことから名づけられました。銀座は東京屈指の繁華街ですが、実は金貨を鋳造する「金座」という地名もかつてはありました。現在でもこの地名は静岡などに残っています。さらに銅貨を作る「銅座」もありましたが、こちらの方は「銭座」という地名で残っています。

金や銀、さらには白金、パラジウムなどのことを「貴金属」といいます。貴重な金属という意味でしょうが、これは錆びないために昔から装飾品や食器などとして重宝がられたためです。もっとも最近はステンレスなどのように安くて錆びない金属がたくさんありますので、貴金属は「値段が高い金属」という意味合いの方が強いと思います。確かに金は長年放っておいてもほとんど錆びません。ところが銀の方は結構錆びます。銀の食器が黒ずんでくるのを見た人も多いと思います。これは銀が空気中にわずかに含まれるイオウと反応するためです。日本では銀の食器はあまり使われませんが、ヨーロッパでは昔から銀の食器が多く使われています。現在でも、黒ずんだ銀製の食器を使っている一般家庭が多く、私もドイツ人の家を訪問した時に、食卓にずらっと銀の食器が並んでいるのに驚いたことがあります。ナイフやフォークなども銀製が多いようです。どうしてステンレスの方が安いのに銀を使うのでしょうか？一説によると、銀は毒と反応して色が変わるので、毒を盛られたときに発見できるからだと言われています。その風習が現在まで残っているのでしょう。ヨーロッパは「毒」の文化が非常に発達していて、多くの王侯貴族が毒によって殺されていますから、この説も一理あるかもしれません。

銀は単に装飾品としてだけでなく、私たちの身の回りのさまざまなところに使われています。銀歯は昔から使われてきましたが、最近はその多くがセラミックなどの新素材に置き換わってしまいました。一番使われてきたのが、写真の感光剤です。写真に使われるのは金属の銀ではなく、臭化銀やヨウ化銀といった銀の化合物です。これらの化合物に光が当たると、化合物が分解して金属の銀ができます。この金属銀に反応剤を加えることにより白黒の濃淡を出すのが写真の原理です。もっとも今日のようなデジカメ全盛の時代には、紙に印刷する写真自体が少なくなってきたので、写真における銀の出番も減りました。

Al　アルミニウム
──さびやすいからさびない？──

13 Al

料理に使うアルミホイルは安くて便利なものです。このアルミホイルは、日本の工業規格では、「厚さが0.006 ミリメートルから0.2 ミリメートルのアルミニウム」と決まっています。このアルミホイルは非常に純度の高い金属アルミニウムだけでできています。科学の実験でアルミニウムを使うときは、値段の高いアルミニウム試料を試薬会社から買うより、クッキング用のアルミニウムを使った方がはるかに良いデータが取れることがあります。

アルミニウムの特徴は、何といっても軽いことです。これはアルミニウムの原子番号が13 番と、非常に小さいためです。要するに周期律表の上の方にあるからです。鉄の比重は7.8、アルミニウムの比重が2.7 ですから、アルミニウムは鉄の３分の１くらいの重さしかありません。したがって大きな機械を軽くするための材料としてアルミニウムは欠かせません。電車の車体も以前は鉄、ちょっと高級なものではステンレスが使われていましたが、車体を軽くするために、最近はアルミニウムのほうが主流になっています。このごろは、何も塗装しないで、金属アルミニウムそのままの車体の電車をよく見かけるようになりました。こういった車体に使われているのは、実際は純粋なアルミニウムではなくアルミニウムを主体とした合金です。飛行機の機体もいわゆる「ジュラルミン」とよばれるアルミニウムの合金でできていたものが多かったのですが、最近は、より軽くて強い炭素でできた新しい素材を使うものが増えています。炭素でできていますから、「炭」のようなものなので燃えやすくて危ないような気がしますが、最近のハイテク技術の進歩は、「燃えにくくて強度の強い炭」を可能にしました。もしかすると、将来は材料としてのアルミニウムの出番が減るかもしれません。

自動車の車体はどうでしょうか？自動車の場合、アルミニウム製の車体というのは、電車や飛行機に比べてやや開発が遅れています。1992 年にドイツのアウディがアルミニウム製の車体を発表しましたが、現在でもあまり普及していません。一番の原因は溶接が難しいからです。2014年現在、アルミニウム製の車体の割合は、全体の1パーセントくらいです。あとはほとんど鉄製ですが、最近はここでもやはり炭素繊維が開発されていますので、将来は炭素のほうが主流になるかもしれません。

ところで、このアルミホイルを見てわかるように、アルミニウムというのは、長い間放っておいてもピカピカと光っていて、全く錆びません。貴金属の銀よりアルミニウムの方がさびにくいというのはどういう事でしょうか？実はアルミニウムは非常に錆びやすいために、かえって錆が目立たないのです。ちょっと逆説的な表現ですがこういう事です。

錆びるというのは、物が燃えるのと同じで、金属が空気中の酸素と化合して酸化することです。アルミニウムの表面は非常に酸化しやすく、空気中に置くとすぐに酸化アルミニウムになってしまいます。いったんできた酸化アルミニウムは非常に安定で、元の金属アルミニウムは戻りません。アルミニウムの板の表面がまっ平らだと、この酸化アルミニウムが表面に一応に覆われ、奥の方へ酸化が広がるのを防ぎます。そのため、それ以上表面の外見が変化することはなくなります。要するに、アルミホイルがピカピカ光っているのは酸化されないのではなく、非常に薄い酸化アルミニウムが表面に覆われているためです。この性質を逆につかって、金属アルミニウムの表面に意図的に酸化アルミニウムの保護膜をつくったものをアルマイトといいます。

あんなにピカピカと光っているなら、昔から装飾品として金や銀の代わりにアルミニウムが使われてもよかったように思います。しかも、資源という観点から見れば、アルミニウムは、地殻中で酸素（O）、ケイ素（Si）に次いで3番目に多い元素です。この地殻の中の元素の存在する割合を「クラーク数」といいますが、一番多いのは酸素で50パーセント、次がケイ素（シリコン）で26パーセント、その次がアルミニウムで約8パーセントです。それだけありふれた元素であるアルミニウムですが、昔の人はアルミニウムを金属として使うことはできませんでした。その理由は、アルミニウムを金属として取り出すこと（つまり精錬）が非常に難しいからです。

金属の精錬というのは、鉱石の中にある金属の酸化物から酸素を取り去ることです。金、銀、銅といった貴金属はさびにくいことからわかるように、ほとんど酸化と結合しないので製錬が比較的簡単です。金などは、砂金を水で洗うだけで取り出せます。ところがアルミニウムは、すべての金属の中で最も強く酸素と結合します。ですから酸素と結合したアルミニウム（アルミナという）から酸素をはぎとって金属アルミニウムにするのは大変です。アルミニウムの精錬ができるようになって、金属アルミニウムが一般的に使われるようになったのは、電気分解による製錬法が確立された20世紀になってからです。しかも、この方法は莫大な電気を使うために、ある程度電気を十分に供給できる先進国でないと難しいということもあります。ですから材料としての金属アルミニウムの歴史は、種々の金属の中では非常に新しい方です。

Ar　アルゴン
――毎日150リットルも吸い込んでいるガス――

18 Ar

アルゴンという元素は、なじみが薄いかもしれません。しかし私たちは毎日、このアルゴンを吸っています。空気の組成は、窒素が80%、酸素が20%と習いますが、実は空気の中に約1パーセントのアルゴンが含まれているからです。地球温暖化で問題になっている二酸化炭素の空気中の濃度は0.03%程度ですから、アルゴンのほうが二酸化炭素より30倍も多いことになります。1パーセントというのは、かなりの濃度です。人間はだいたい1日に1万5千リットルくらいの空気を呼吸で吸い込むといわれていますから、私たちは1日150リットルのアルゴンを毎日吸い込んでいることになります。ただ、空気中に1パーセントあるといっても、二酸化炭素と違って、空気中のアルゴンが増えたり減ったりして大変だという話は聞きません。毎日1パーセントのアルゴンを吸っても、もちろん健康に害はありません。というのは、このアルゴンは

「不活性ガス」（または、「希ガス」）と呼ばれている元素の仲間で、全くと言っていいほど化学反応を起こさないからです。不活性ガスの仲間には、ヘリウム、ネオン、キセノンなどがあります。

どうして空気中にアルゴンがこれほど多いかといいますと、地面の中や植物の中にある放射性のカリウムが、放射線を出した後にアルゴンに変わるからです。放射性カリウム（正確にいうと、質量数が40のカリウム-40という核種）というのは、やっかいなもので、自然界に多く存在します。特に海藻などの食品に多く含まれ、ベータ線やガンマ線という放射線を出すので、私たちは常に放射線を浴びていることになります。それどころか、私たちの体の中にもたくさんの放射性カリウムがあり、ガンマ線を放出しています。このあたりのお話は、カリウムやセシウムのところでもう一度しましょう。

さて、なぜアルゴンのような不活性ガスが化学反応を起こさないかということは、結構難しい理論計算をしなければ説明できません。数学を使わないでイメージだけで簡単に説明しましょう。中学校くらいの化学の教科書に出ていることなので申し訳ないですが、今後も周期律表の元素を語るうえで何回か出てきますので、復習しましょう。

図2を見てください。これはアルゴン原子の概略図です。真ん中が原子核でその周りにたくさんの電子が回っています。電子は原子核に近い方から、つまり内側から原子番号と同じ数だけだんだん詰まっていきます。ところが、一つの軌道に関して、電子の収容可能な電子の数が決まっています。一番内側の軌道は2個、二番目の軌道は8個、三番目の軌道も8個です。そして一番外側の軌道にある電子の数が、収容個数いっぱいになると原子は安定で、化学反応を起こさなくなります。つまり、一番目の軌道に2個電子が入って安定化したものがヘリウム、二

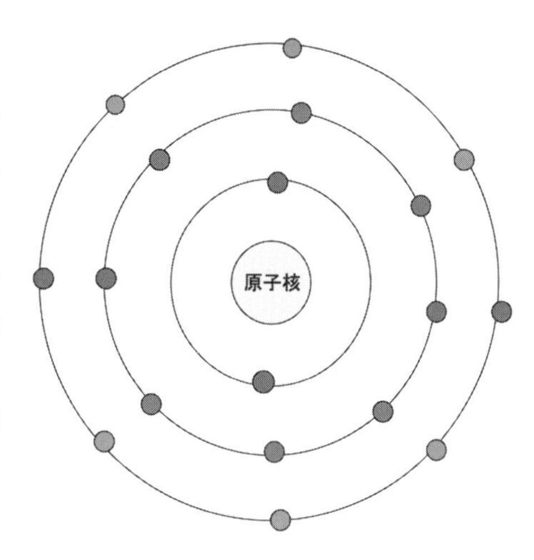

図2　アルゴン原子の電子構造

番目の軌道に電子が8個入って安定化したものがネオン、さらに三番目の軌道に電子が8個入って安定化したものがアルゴンなのです。この8個で安定化するということが重要で、そこから電子が何個多いか、あるいは何個少ないかということで、化学的な性質が決まります。

一番外側の軌道の電子の数が8個で安定化するというのは、専門的には「オクテット則」と呼ばれています。蛸（タコ）の英語である「オクトパス」、音楽用語の「オクターブ」などと同じく、8を表す「オクト」が語源です。「オクテット則」は今から100年前の1916年に、アメリカの化学者、ギルバート・ルイス（1875-1946）という人が唱えました。このルイスという人は、化学を学んだ人なら、どこにでも出てくるので知っているかもしれません。「ルイス酸」、「ルイス塩基」などの言葉があり、酸と塩基（アルカリ）の定義をした人です。驚くべきことに、このルイスという人は非常に多才な人で、化学だけでなく、物理、数学、さらには経済学などに関しても業績を残しています。

さて、安定で反応性がないのでアルゴンは役に立たないと思われますが、そうでもありません。反応しないという性質を生かして、電球や蛍光灯の中に入れるガスとして使われてきました。ただしこういった用途も、LEDの普及とともにだんだん減ってきました。その他には、金属の溶接をするときに吹き付けるガスとして使われています。溶接というのは金属に電流を流したり、バーナーであぶったりして溶かすのですが、空気があると酸化してしまい溶接できません。それを防ぐために不活性なアルゴンを溶接部分に吹き付けます。

もうひとつ、アルゴンが化学に使われている例として、年代測定があります。年代測定というのは、放射性元素からでる放射能が、半減期に従ってだんだんと弱くなっていくことを利用して、考古学試料や岩石、地質などの年代を測定する方法です。年代測定法はアメリカのウィラード・リビー（1908-1980）という科学者が最初に提案しました。リビーは1960年にこの業績により、ノーベル化学賞を受けています。リビーが提案したのは、炭素14という放射性元素による考古学試料の年代測定でした。アルゴンを使った年代測定というのは、主に岩石が生成した年代を測定するための方法です。先ほどアルゴンは放射性カリウムが放射線を出したあとにできると書きました。放射性カリウム（カリウム-40）が放射線を出すと、多くはカルシウムになりますが、約10パーセントがアルゴンになります。この反応の半減期は、13億年くらいなので、そのくらいのオーダーの昔にできた岩石の生成年代を調べるのに効果的です。

では、実際にどうやってアルゴンで年代を調べるのでしょうか？そこにはひとつの仮定が入っています。カリウムは「アルカリ金属」という金属元素ですが、アルゴンはガスです。岩石はドロドロに溶けた状態から冷えて固まることにより生成しますが、ドロドロに溶けた状態では気体のアルゴンは飛んでしまっていて、岩石の中には存在しません。ところが冷えて固まると、カリウムから生成したアルゴンは中から出てくることができないので、岩石の中にたまっていきます。ですからカリウムとアルゴンの比を測れば、岩石が固まってから何年経ったかを推測することができます。このような年代測定法は、いろいろな元素を使った様々な方法が提案されていますので、またふれましょう。

As　ヒ素
──毒のイメージから先端材料へ──

33 As

1998年に和歌山県で「毒カレー事件」というのがありました。夏祭りに集まった人たちがカレーを食べたところ、多くの人が吐き気をもよおし、そのうちの4人が死亡したという事件です。カレー鍋の中にひそかに毒物を入れた疑いで女性が逮捕され、裁判の結果、女性の死刑が確定しました。現在は再審請求が行われています。この事件で犯人がカレー鍋に入れたのが「ヒ素」と言われています。実際に使われたのは、元素のヒ素ではなく、亜ヒ酸という化合物と考えられます。こういった事件では、科学的な分析が重要になります。その後、この亜ヒ酸をめぐって、犯人の自宅にあった亜ヒ酸と、カレーに入っていた亜ヒ酸が同一であるかどうかということに関して、さらに詳細な科学的分析が行われました。異なる場所にあった試料が同一かどうかを判断するためには、主成分のヒ素を分析するのではなく、ヒ素の中に微量に含まれているモリブデン（Mo）や亜鉛（Zn）などの不純物の比を分析するのです。これらの元素は、本来亜ヒ酸の中には入っていないはずですが、工場などで試薬を作るときにどうしても不純物としてわずかに入ってしまいます。工場が違うと、これらの不純物元素の濃度比が変わるので、区別できるわけです。ただDNA鑑定なども同様ですが、こういった科学的分析というのは、試料が同じかどうかを科学的に判断するだけのものなので、その試料を本当に容疑者が混入させたかどうかを決めるものではありません。ですから「科学的に分析したから、この人が犯人だ」と断定するものではありません。また実際に科学的な手法をもってしても、「まったく同じ試料かどうか」ということを確かめることは技術的に難しく、実際に先ほどのヒ素の分析の例では、最初に分析した結果に異議を唱えている学者もいます。

さて、ヒ素の毒に関しては、さらに古くは「森永ヒ素ミルク中毒事件」というのもありました。これは1950年代に、森永乳業が発売した赤ちゃん用の粉ミルクにヒ素が混入していて、1万人以上の赤ちゃんが中毒になり、100人以上が死亡したという悲惨な事件でした。粉ミルクの中に、乳製品が固まるのを防ぐためにリン酸ナトリウムという物質を添加していたのですが、その中にヒ素が含まれていたのです。

ヒ素自身は金属で、もちろん有害ですが、先ほど述べたとおり毒があるのは亜ヒ酸というヒ素と酸素が化合した物質です。この亜ヒ酸による毒殺は古くから暗殺の手段として、ヨーロッパや中国などで用いられてきました。近代では、清の光緒帝も亜ヒ酸によって毒殺されたといわれています。

いやはや、ヒ素はとんでもない悪者ですね。ちょっとイメージを回復しましょう。ヒ素は最近、先端的な材料の素材として使われ始めています。この先端材料に使われているのはヒ化ガリウム（科学の世界では、「ガリウムヒ素」あるいは「ガリヒ素」と呼ばれることが多い）というヒ素（As）とガリウム（Ga）の化合物です。このガリウムヒ素は、シリコンに代わる優れた半導体材料の候補として研究されていて、実際に使われてもいます。また赤い光を出すことから、赤色発光ダイオードや赤色レーザーの材料としても使われています。ところで、なぜ赤い色の光を出すのでしょうか？これにはちょっとした説明が必要です。

図３は固体の中にある電子の様子を表したものです。白丸で示した電子がたくさんいるところを「価電子帯」と言います。金属の場合は、この電子が自由に動き回るので電気が流れます。ところが電気が少し流れる「半導体」や、電気を流さない「絶縁体」といった物質は、この価電子帯にある黄色い電子が動きません。動き回ることができるのは、上の方にある「伝導帯」というところにいる電子です。この「価電子帯」と「伝導帯」のエネルギー差を「バンドギャップ」といいます。

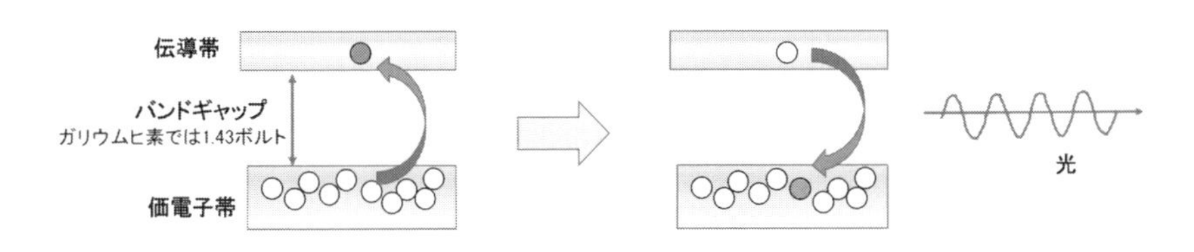

図３　固体の中にある電子の様子

温度を上げたり、電圧をかけたり、光を当てたりすると、価電子帯にある白丸の電子が刺激を受けて、その一部が「伝導帯」に入ります。その電子が動き回るので電気が流れます。ところが、この伝導帯に入った電子は不安定なので、またもとの「価電子帯」に戻ろうとします。そして戻るときに、その一部が光として放出されます。そのエネルギーは、先ほど述べたバンドギャップとほぼ一致します。さて、ガリウムヒ素のバンドギャップは 1.43 ボルトです。ちょうど乾電池の電圧くらいです。この 1.43 ボルトという電圧を１個の電子になおすと、「電子ボルト」（eV）という単位になります。この eV と光の色は関係があります。虹の七色の順番なのですが、eV の低い方から言うと、赤色が 1.4 eV から 2.0 eV、黄色が 2.1 eV、緑が 2.3 eV、青が 2.6 eV、紫が 3.0 eV 付近です。ですからガリウムヒ素から出る光は 1.43 eV つまり赤色になります。

この、「バンドギャップ」というのは、固体の電気的な性質や光に関係した性質を知るのに大変便利で重要な考えなので、また別の元素のところで説明しましょう。ヒ素は毒だけでなく、先端材料としても役立っているわけです。少しヒ素は名誉を回復しました。

At　アスタチン
——誰も見たことがない元素——

85 At

「アスタチン」？なんのことでしょうか？これほど無名の元素はないでしょう。実際に科学者の中でも、アスタチンのことをよく知っている人はあまりいません。おそらく見た人もほとんどいないでしょう。

ところが歴史的にいうと、アスタチンは周期律表のもとになっている元素の周期性を提唱したメンデレーエフ（1834-1907）が、すでにヨウ素と同様の性質をもつ重い元素「エカ・ヨウ素」としてその存在を予言しています。けれども、エカ・ヨウ素であるアスタチンがすぐに発見されることはありませんでした。それというのも、このアスタチンはすべて放射性で、しかも半減期が短いので、どんどんとほかの元素に変わっていきます。そもそも「アスタチン」という名前は、ギリシア語で「不安定」という意味の「astatos」からきています。つまりアスタチンという元素は世の中に安定には存在しないのです。

アルミニウムのところで、地殻中の元素の存在する割合である「クラーク数」について述べました。アスタチンは、人工元素を除けばクラーク数が最も小さい元素だと言われています。少なすぎて、実際に地殻中に何パーセントあるのか調べようがありません。一説によると、地殻中に存在するアスタチンの総量は、世界中でたかだか30グラムくらいと言われています。こんなに少ないと、物性の測定は困難です。せいぜい行われている実験は、アスタチンから出る放射線を測定して、アスタチンがどこにあるかを追跡するくらいです。ですから元素としてのアスタチンの性質はほとんどわかっていないというのが現状です。色さえわかっていません。周期律表や元素に関する教科書や本を見ても、「アスタチン」の項目は、あまり記述がありません。この本では、なるべくすべての元素を平等に取り扱おうと思いますので、わかっていないなりに、もう少しアスタチンを続けましょう。

周期律表では、アスタチンは、フッ素、塩素、臭素、ヨウ素などとおなじ列にあります。この列の元素を「ハロゲン」といいます。ですから化学的な性質もハロゲンに似ていて、特に一番原子番号の近いヨウ素に似ていると思われます。ただし、ここで注意しなくてはならないのは、「原子が重くなってくると、化学的な性質は必ずしも周期律表の上下で似ているわけではない」ということです。どういうことでしょうか。ちょっと前にアルゴンのところで説明した原子の図をもう一度出して説明しましょう。

軽い原子と重い原子の電子構造の模式図を図４に示します。アルゴンのところで、最も外側の軌道の電子が８個になると安定すると述べました。ハロゲンというのは、外側の軌道の電子が８個より１個少ない７個です。ですから電子が１個くっついてマイナスイオンになると安定化します。アスタチンも基本的に同じですが、原子が大きくなると、右の図のように、外側の軌道がたくさんあり、混んできます。するとだんだんと軌道間のエネルギーが近くなり、時には内側の軌道と逆になったりします。つまり、エネルギーが近いために、どこに電子が入ると外側の軌道の電子が８個になって安定化するのか、かなり微妙になってきます。ですから重い原子の場合は、なかなか化学的な性質を周期律表の位置だけで決めるのが難しくなってきます。

そんな超マイナー元素であるアスタチンは、当然ながら一般的にはほとんど利用されていません。その用途の大半は研究者が実験に使うためのものです。ただ、強い放射線を出すので、その放射線を医療用に使おうという研究は行われています。

この際、「アスタチン」を覚えておきましょう。そうすればあなたは、相当な「元素通」になれます。

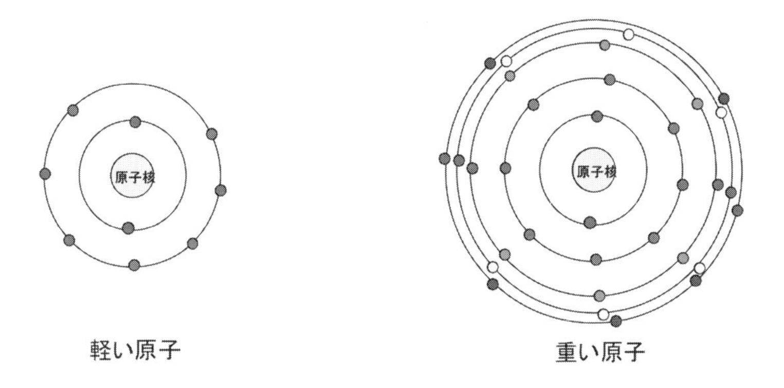

図４　軽い原子と重い原子の電子構造の模式図

Au　金
——黄金の国「ジパング」——

79 Au

日本は「黄金の国・ジパング」と呼ばれていました。これはマルコ・ポーロ（1254-1324）が「東方見聞録」に記したことから、ヨーロッパ社会に知られるようになったためといわれています。しかしマルコ・ポーロは、実際に日本に来たわけではありません。中国で「倭国」のうわさを聞いて、この本を書いたと思われます。マルコ・ポーロは日本で言えば、鎌倉時代末期の人ですから、ちょうど元寇があったころです。ですから、京都の金閣寺はまだできておらず、「黄金の国」のうわさは、おそらく平泉の中尊寺金色堂のことだと思われます。

中尊寺の金色堂は、平安時代末期の1124年に、藤原清衡によって建立されました。奥州藤原氏は、源頼朝によって滅ぼされましたが、幸いなことに金色堂は破壊されることなく残りました。しかも鎌倉時代の7代将軍である惟康親王によって、金色堂の外側に覆堂（さやどう）という建物が作られ、保護されました。江戸時代に芭蕉が中尊寺を訪れて、「五月雨の　降り残してや　光り堂」という名句を残した時の金色堂は、この覆堂の中にありました。現在の金色堂は新しいコンクリートの建物の中に納まっています。

「黄金の国・ジパング」という日本に対するヨーロッパ人の興味は、マルコ・ポーロ以後も続いていて、コロンブスがアメリカ大陸を発見したのも、黄金の国「ジパング」を探していて、たまたま行き着いたという説もあります。その説によると、コロンブスは最後まで自分が行き着いた場所を「ジパング」だと思っていたということです。コロンブスや、その後のマゼランがもし本当に日本に来ていたら、その後の日本の歴史はまったく違ったものになっていたでしょう。「元寇」ならぬ「洋寇」が起きたかもしれません。

さて、このように「黄金の国」と思われていた日本ですが、実際に日本で金が採掘されるようになったのは奈良時代のことです。奥州（東北地方）で金鉱が発見されてから、急激に金の産出量が増え、またたく間に日本は世界最大の金産出国になりました。現在では日本では金の採掘はほとんど行われていませんが、それでも世界の推定埋蔵量の16%は日本にあるそうです。日本は資源小国と思われがちですが、金属に関しては、世界でも有数の資源大国なのです。

一般に、金はすべての金属の中でももっとも価値のある貴重なものだと思われています。黄金色に輝く見た目が美しいということもありますが、重くて柔らかく、しかも産出量が少ないということも影響しているのでしょう。金が最も価値の高い金属だというのは、国家や民族にかかわらず世界共通の認識のようです。オリンピックの金メダル、銀メダル、銅メダルと言う順番を見ればわかります。日本でも古くから「金、銀、サンゴ、宝物・・・」と言われていて、金が最上のものとされています。

「金科玉条のごとく」という言葉もあります。「科」や「条」は法律のようなもので、「金や玉のようにすばらしい法律」というような意味なのですが、正確にいうと、「金」よりも「玉（ぎょく）」ほうが格上です。古代中国の漢では、文書を封印する時の印の材質が、位によって決まっていて、皇帝は玉、その次は金、銀、銅の順番でした。日本で江戸時代に博多で発見された金印は、この2番目の位です。将棋の駒は、王将の隣に金がいますから、いかにも金が最高のように見えます。けれども、あの「王将」というのは実は「王様」ではなく、本当は「玉（ぎょく）」と言いうのが正確です。つまり最高の宝物です。ただ、「玉」というのは科学的にいうと、単なる酸化物です。元素としての貴重価値は、金ほどはありません。

ところで、金の特徴のひとつに、柔らかいことがあります。柔らかいために、どんどんと広げて延ばしていくことができます。よく狸の八畳敷きといいますが、金1グラムを引き延ばすと、1メートル四方にもなります。この厚さを計算してみると、1ミリの1万分の1（0.1ミクロン）くらいです。このように薄くすることができることから、建物などの壁に張れば、比較的少ない量の金で全体を金色に輝かせることが可能です。

先ほど述べた平泉中尊寺の金色堂や、京都の金閣寺は金箔を貼ったものです。豊臣秀吉は身分が卑しかったため、金の力に頼りました。随所、随所で莫大な量の金を、戦費として使いました。最後は大阪城の地下に膨大な金を貯蔵しました。これは秀吉亡き後、大坂冬の陣や夏の陣で兵力を雇うために秀頼と淀君によって大量に使われました。その後、残りの金はどうなったのでしょうか？

気になります。時々どこかに大量の「埋蔵金」が埋められているといううわさが絶えません。いずれにしても、「金」という元素にまつわる話は、ネタが尽きませんし、いろいろとロマンがありますね。きりがないので最後に科学の話に戻りましょう。

金は空気中でもほとんど錆びません。空気に限らず、金は化学反応性に乏しい元素です。ただし、それは私たちが目にする大きさの話です。最近「ナノテクノロジー」などという言葉を聞いたことがあると思います。ナノというのは、単位の前につける言葉で、ナノテクノロジーの「ナノ」は「ナノメートル」のことです。1ナノメートルは1メートルの10億分の1という小さな世界ですが、金の塊をどんどん小さくしていって、ナノメートルくらいの大きさになると、原子の数が何万個、何千個といった数えるくらいの数になってきます。粒が小さいということは、それだけ空気に触れる表面だらけということになります。そうすると、金が金でなくなってきます。反応性が高くなるのです。このような性質は、金だけでなく、ほとんどの金属や固体についても同様です。このように小さい粒子を「ナノ粒子」などと呼びますが、金のナノ粒子は触媒などにも使われます。

B ホウ素
――中性子を食べる元素――

5 B

ホウ素（B）は5番目に軽い元素です。けれども、その次の炭素（C）、窒素（N）、酸素（O）などに比べてあまり私たちの生活にかかわりが薄いようです。そもそも、軽い割には地殻中の存在量が非常に少ない元素なのです。地殻中の元素の存在度（クラーク数）は約100種類の元素の40番目くらいです。貴重な資源と言われている多くの希土類（レアアース）よりも少ないのです。

ホウ素は古くからガラスの成分として使われてきました。現在でも「パイレックス」とよばれている商品名のガラスにホウ素が混ぜられています。ほとんどのガラスというのは、石英と同じ成分、つまり二酸化ケイ素からできていますが、それにホウ素を混ぜると固くなったり、溶ける温度が高くなったりと、優れた性質をもつようになります。こういったケイ素とホウ素の混合したガラスを「ホウケイ酸ガラス」と言います。昔は「ガラスに熱湯を入れると割れますよ」と教えられました。しかし現在家庭用に使われているガラスは、ホウケイ酸ガラスに近い組成をしていて、ちょっと火にかけたくらいでは割れません（ただし、粗悪品もあるかもしれませんので注意してください）。

その他にホウ素と聞いて、私たちに関係することと言えば、せいぜいうがいに使う「ホウ酸水」くらいでしょう。ホウ酸はホウ素と酸素の化合したものです。ホウ酸に限らず、ホウ素はほとんど化合物として使われています。というのは、元素のホウ素というものは、空気中で非常に不安定だからです。元素のホウ素は炭素と同じようにいろいろな形をとりますが、いかんせん不安定であるため、あまり用いられていません。

一方、ホウ素は原子力の分野では非常に重要な役割を果たしています。ホウ素という原子は、核分裂で発生する中性子をよく吸収するという性質があります。中性子にはいろいろな速度を持つものがありますが、そのうち速度の遅い中性子をホウ素がよく吸収するのです。この速度の遅い中性子というのは、ウランが核分裂した時に、次の核分裂を誘発します。ですからこの遅い中性子を「食べて」しまえば、核分裂がストップします。したがって、原子炉の運転を止めるための「制御棒」としてホウ素が使われています。

ホウ素が中性子を「食べやすい」という性質を使って、がんの治療をする試みもあります。この方法を「ホウ素中性子捕獲療法」と呼んでいます。まだ完全に実用化されているとは言えず、臨床研究の段階ですが、実際にこの方法で試験的に治療を受けた人もいます。この「ホウ素中性子捕獲療法」は、放射線によってがん細胞を壊す治療法です。放射線療法というと、いくつかの種類が開発されていますが、いずれの方法もまだ完全に完成されているとは言えません。それは放射線を照射してがん細胞を壊すといっても、がん細胞以外も当然壊れてしまうからです。ですから放射線療法の開発のネックは、「いかに正常な細胞を壊さずに、がん細胞だけを壊すか」という点につきます。

この点に関して「ホウ素中性子捕獲療法」では、ただ中性子を照射するだけでなく、ちょっとした「前処理」をしています。人間の体には、もともとホウ素はそれほどありません。そこで、ホウ素をあらかじめ体内に投与するのですが、そのとき、できるだけがん細胞に集まりやすいホウ素を含む薬品が開発されています。ホウ素ががん細胞に集まった段階で、原子炉からの中性子を照射します。そうすると、がん細胞の周りのホウ素が中性子を「食って」放射線を出します。その放射線というのがアルファ線です。アルファ線は、中性子やＸ線、ガンマ線といった放射線に比べて、透過力が少なく、紙１枚で止まってしまうくらいです。ということは、逆にいうとがん細胞にあるホウ素から発生したアルファ線は、そのがん細胞の周りだけを壊すということになります。いろいろまだ開発しなければならないことも多いのですが、早くがん治療法として実用化する日が来てほしいと思います。

Ba　バリウム
──核分裂の発見に貢献──

56 Ba

胃のレントゲン検査でバリウムを飲んだ方も多いでしょう。その際、私たちが飲むのは、バリウム単体ではなく、硫酸バリウムという化合物です。なぜバリウムの化合物を飲んでからレントゲン写真を撮るのでしょうか？ちょっとそれを説明しましょう。

レントゲン写真というのは、人間の体にＸ線を当てて、吸収されたＸ線を画像として撮るものです。人間の体の中にＸ線を吸収しやすいものがあると、

X 線は突き抜けなくて、その部分は白く映ります（白と黒は、ネガフィルムかポジフィルムかによって逆になりますが、だいたい病院で見るレントゲン写真は骨が白く写っています）。おおざっぱに言って、「X 線は重いもの（密度の大きいもの）ほど吸収されやすく、軽いもの（密度の小さいもの）ほど吸収されにくい」と考えていいでしょう。人間の体は、ほとんど水素、炭素、酸素など、軽い元素からなる水や有機物でできていますが、骨だけはリン酸カルシウムという重い物質からできているので、X 線が透過しにくいといえます。ですから骨の部分だけが白く映ります。そういうわけでレントゲンは骨に異常があるかどうかを調べるのには最適です。

ところが胃の状態を調べようと思うと、胃も有機物でできていますから、胃の形は全く写りません。もし胃の中に「重いもの」があると、そこに X 線が吸収され胃の形がきれいに写るわけです。重くておいしいものを食べてから検査できればいいのですが、だいたいにおいて食べ物というのは有機物なので軽すぎます。バリウムは原子番号が 56 番ですから、周期律表の元素の中では中間よりやや重いくらいです。これ以上原子番号の大きい元素で「食べられる」元素があまりありません。そもそも、「バリウム」という名前は、ギリシャ語の「重い」という意味の「barys」からきています。バリウムはカルシウムと同じような性質をもっていて、硫酸バリウムのようなバリウム化合物を食べても毒ではありません。もっとも栄養にはならず、消化しないので、そのまま出てしまいます。そんなわけで、バリウムを飲み込んでからすぐにレントゲンを撮ると、胃の形がくっきりと映ります。

話は変わりますが、原子力発電所では、ウランの核分裂により発生するエネルギーを使って発電していることはご存知でしょう。実はバリウムは、ウランの核分裂という世紀の発見に関して重要な役割を果たしています。核分裂は 1939 年にドイツのオット・ハーン（1879-1968）とフリッツ・シュトラスマン（1902-1980）という 2 人の化学者によって発見されました。核分裂というのは物理的な現象なのに、物理学者ではなくて化学者により発見されたというのが重要です。ちょっと説明しましょう。

核分裂の発見に先立つ 1932 年、イギリスのジェームズ・チャドウィック（1891-1974）によって中性子が発見されました。この発見に引きずられるようにして、中性子を使った核反応の実験が次々と試みられるようになりました。イタリアのエンリコ・フェルミ（1901-1954）は「原子核が中性子を吸収すると、ベータ（β）崩壊を起こし原子番号が１つ大きい元素に変わる」という事実から、いろいろな元素に中性子を当てて元素変換を試みる実験をしていました。その中で、天然に存在する元素のうちで、当時知られていた最も重いウラン（U:原子番号92番）に中性子を当てれば、天然に存在しない未知の「原子番号93番」の元素を作ることができると考えました。そしてウランに中性子を当てたところ、ウランと違う性質をもった放射能を出す元素ができたことから、これを「原子番号93番」の元素として発表しました。しかし後に、その生成物の性質を調べたところ、「これは新元素ではなく、ラジウムであった」と訂正しました。ところがです・・・多くの科学者がその追試をしたところ、ハーンとシュトラスマンが、「フェルミがラジウムであると言ったものは実はバリウムである！」と発表したのです。これは大発見です。バリウムの原子番号は56番ですから、どう考えても、ウランが２つに分裂したとしか考えられません。こうして核分裂という現象が発見されました。それにしても、数少ないバリウム元素を、きちんと分離して正確に分析するという化学的素養が、この核分裂の発見に関して重要な役割を果たしました。フェルミは、バリウムを化学的に分析できなかったので、核分裂という大発見を逃してしまいました。フェルミと言えば、近代科学のスーパースターです。核物理、量子力学、固体物理、統計力学など、さまざまな分野で偉大な業績を残した巨人です。物理を学んだ人なら、「フェルミの黄金律」、「フェルミレベル」、「フェルミ分布」、「フェルミ統計」、「フェルミ関数」、「フェルミオン」などなど、フェルミにちなんだ無数の言葉があることを知っているでしょう。しかも原子炉を最初に作ったのもフェルミで、「フェルミの原子炉」と言われています。これほどの大科学者のフェルミでも、「核分裂」という世紀の大発見は逃してしまったのです。バリウムさえ分析できていれば・・・と思いますが、フェルミがあまりにもたくさんの業績を独り占めするというのも何ですから、これでよかったのかもしれません。いずれにしても、元素を正しく分析するということが、いかに科学の進歩にとって大切かということが、この例からよくわかります。

Be　ベリリウム
──エメラルドの伝説──

4Be

ベリリウムは原子番号4の元素で、金属です。原子番号が一つ小さいリチウムも「アルカリ金属」とよばれる金属ですが、金属のリチウムは非常に反応性に富んでいるので、私たちがイメージする金属とはまったく違います。それに対して、ベリリウムは見た目も立派な銀色の金属です。ですから実質的にベリリウムは、もっとも原子番号の小さい金属と言ってもいいでしょう。しかも金属材料としてベリリウムを考えたとき、ベリリウムの融点は、少し重いアルミニウムやマグネシウム（いずれも融点は600℃くらい）よりはるかに高く、1200℃以上もあり、軽い金属材料として非常に価値があります。ただ、そのわりには、私たちの身の回りであまり使われていません。それは金属として取り出すことが難しいことや、そもそも埋蔵量が他の金属に比べて少ないことがあります。しかも、金属のベリリウムは猛毒で、舐めたら死に至ることもあるくらいです。それに、さわっただけでも炎症を起こします。そのため、金属ベリリウムの用途は特殊な場合に限られています。

そのひとつは、X線の透過膜としての利用があります。X線やガンマ線などの放射線は、原子番号が小さくて軽いものはよく突き抜けて進みます。ベリリウムは、原子番号が4ですから、X線をよく通します。それより原子番号が小さい、水素、ヘリウム、リチウムは材料として使えません。ベリリウムは強度が強い金属なので、X線を発生する容器と、その外側を遮断する窓として使えるわけです。X線というのは、普通はX線管とよばれる真空に引いた容器で発生させるのですが、そこからX線を外側に取り出すために、ベリリウムの窓が使われます。

さて、金属としてのベリリウムは毒性もあり、専門分野以外はあまり使われないという話をしてきましたが、ところがベリリウムの化合物、とくに酸化物はイメージがまったく逆です。

突然話が変わりますが、昔、グループサウンズの全盛時代に、テンプターズというグループが歌った曲に「エメラルドの伝説」(1968年)というのがありました。歌っていたのはショーケン、こと萩原健一さんです。大変印象的ないい曲だと思いますが、「エメラルドの伝説」という題名は、ちょっと時代を感じさせます。この曲の題名となっている「エメラルド」というのは、緑柱石とも呼ばれ、緑色を帯びた宝石です。実は、そのエメラルドにベリリウムが入っています。その組成は、ベリリウム以外は、ケイ素、アルミニウム、そして酸素といったありふれた元素からなります。青色がかった緑柱石を特に「アクアマリン」とよびますが、これにもベリリウムが入っています。いずれにしても、「エメラルド」や「アクアマリン」というのは聞こえの良い言葉です。ベリリウムは、金属状態と酸化物では、全くイメージが違うものですね。

Bi ビスマス
―実は放射性元素だった!―

89 Bi

ビスマスは原子番号が83と非常に大きく、鉛よりさらに原子番号がひとつ大きい元素です。核分裂を起こすウラン(U)が、原子番号92番ですから、かなりそれに近い重さを持っています。原子番号が大きくなってくると、だんだん原子核が安定でなくなってきます。そしてついには、原子核は壊れ、放射線を出して、軽い元素に変わっていきます。実際、ビスマスよりさらに原子番号が一つ大きい84番の元素は、キュリー夫人(1867-1934)が発見したことで有名な、放射性元素のポロニウム(Po)です。さらにその先にはラドン(Rn)、ラジウム(Ra)、トリウム(Th)、ウラン(U)などの放射性元素が続きます。これらの放射性元素については、追ってそれぞれの元素のところで触れるとして、ここではまず、なぜ原子番号が大きくなると不安定になって放射線を出すかということについて簡単に触れましょう。

原子核は、プラスの電荷をもった陽子と電荷をもたない中性子でできています。この2種類を合わせて核子といいます。プラスの陽子がいっぱいあるのに、核子どうしがくっついていられるのは、「強い相互作用」という力が働くからです。これは湯川秀樹（1907-1981）が、パイ中間子で説明したものです。この強い相互作用がなくなると原子核は壊れるのですが、そのときに膨大なエネルギーを放出します。実はそのエネルギーというのは、核子全体の質量の増減と関係しています。質量とエネルギーが同等のものであることは、アインシュタイン（1878-1955）が証明しています。図5を見てください。これは有名な図ですが、横軸は陽子と中性子の数の和、すなわち核子の数です。縦軸は、陽子と中性子の合計の重さから、実際の原子核の重さを引いた値を、核子の数で割ったものです。こう書くとややこしいですが、要するに縦軸は、原子核1個を作るのにあたって、核子1個当たり、どのくらい質量が減っているかということを示しています。縦軸の値が大きいほど、それだけ大きなエネルギーで核子どうしが結びついているので原子核は安定と言えます。

これを見ると、核子の数が60当たりに山があり、このあたりの原子が一番安定といえます。核子の数が60個というと、だいたい原子番号27番の鉄くらいです。つまりすべての原子核の中で鉄（およびその前後の原子）の原子核が一番安定であるということです。先ほどビスマスは重いので不安定といましたが、それは原子が重くなればなるほど質量の減りが小さく不安定だからです。このグラフの右の方です。不安定な重い原子は、放射線を出して、少し軽い安定な原子になろうとします。これが「重い原子は不安定で、

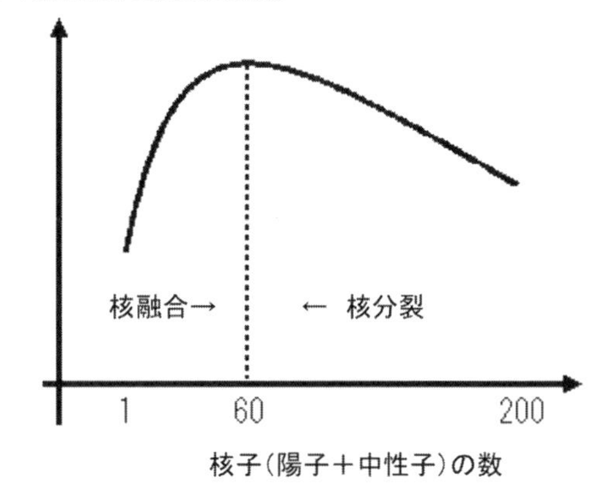

図5　核子（陽子＋中性子）の数と核子1個当たりの質量の減少の関係

放射線を出す」ということの説明です。

さて、ビスマスは安定な元素ですから、「放射性元素ではない」元素としては、最も重い元素と考えられていました。最近までの学生も、そのように教えられてきたと思います。ところが驚いたことに、このビスマスが放射性元素であることがつい最近判明しました。2003年のことです。もっとも、そのビスマスの半減期は約2000京年（京は１兆の１万倍）といいますから、宇宙の年齢よりはるかに長いことになります。このように、今まで安定だと思われていた元素が、実は放射性元素だったということはしばしば起こります。科学の進歩により半減期の測定精度が上がったからです。さらに言うと、「すべての元素は放射性である」と言ってもよいかもしれません。元素が崩壊して別の元素に変わるのは、あくまである確率で起こるわけで、絶対に確率がゼロと言うことはありません。このように科学が進歩すると、今までの常識をくつがえすことが多くあります。だからといって、それまでの説が全く間違いだったということは少なく、「より高い精度で説明することができるようになった」ということがほとんどです。「ビスマスは放射性元素である」という新しい説も、半減期の測定精度が上がったからそうなっただけで、常識的な年月から考えると「ビスマスは最も重い安定な元素である」と言っても、全く問題はないでしょう。

Br　臭素
―くさいもと？―

35 Br

これほどイメージの悪いネーミングをされた元素はないでしょう。「くさいもと」というのは、随分ひどい名前ですね。臭素のガスは猛毒なので「毒素」と名付けられなくて、まだよかったかもしれませんが・・・。そんな汚名をきせられた臭素ですが、実際に臭素分子（臭素原子が２つ集まったもの）は、独特の刺激的なにおいがします。ただ周期律表の同じ列にある「ハロゲン」と呼ばれているフッ素や塩素のガスも、似たような刺激的なにおいがしますので、臭素だけ「くさい」という名前がついているのは、少々不公平です。

臭素は、かつては精神の興奮状態を鎮める医薬品として使われていましたが、最近は使われなくなっています。また昔は、ブロモエタンといいう有機系の臭素化合物が､殺虫剤として使われていました。これも環境保護の観点から、1980年代から使用が禁止されています。それに加えて､有機系の臭素化合物は、オゾン層を破壊するということがわかり、ますます立場が悪くなりました。オゾン層が破壊されると、人体に有害な紫外線が地上まで届き、ガンになったり、DNAを破壊したりしてしまい、大変なことになります。

オゾン層を破壊する物質と言えば､「フロンガス」が思いつきます。フロンの多くは塩素を含む有機分子ですが、中にはフッ素や臭素のような他のハロゲンを含むものもあります。ところで、なぜフロンガスがオゾン層を破壊するのでしょうか？簡単に説明しましょう。

オゾンというのは、酸素原子が３つでできた分子です。それに太陽の光が当たると、酸素原子２個から成る酸素分子になります。この本ではなるべく化学式は書かないつもりでしたが、どうしても必要なので勘弁してください。オゾンの分解反応は式で書くと

$$2 \cdot O_3 \ + \ 太陽光 \ \rightarrow \ 3 \cdot O_2$$

となります。この式にはどこにもフロンは出てきません。ところがこの反応は､通常の条件ではなかなか右のほうへは進みません。そこにフロンがあると、フロンに太陽光が当たり､分解したフロンから塩素原子や臭素原子ができます。塩素や臭素は一般的に２つの原子がくっついて Cl_2、Br_2 などの安定な分子を作るのですが、太陽光による分解でできた原子状のClやBr（専門的には、これらの原子を「ラジカル」といいます）は非常に反応性に富み、オゾンと爆発的に反応していきます。そしてオゾンを酸素に変えたのち、また塩素原子や臭素原子に戻ります。臭素の場合について式で書くと、

$$2 \cdot O_3 \quad + \quad 太陽光 \quad + \quad Br \quad \rightarrow \quad 3 \cdot O_2 \quad + \quad Br$$

さっきの式の両側にBrがついただけです。つまり塩素や臭素は、自分で何か新しい化合物を作るのではなく、上の式の反応の「仲立ち」をしているだけです。これは、「触媒」とよく似ています。触媒という物質も、自分自身は何も変化しないのに、化学反応を促進させるという効果を持っています。実際、塩素原子が１個あると、十万個のオゾンが酸素に変わってしまうといわれています。フロンガスがオゾン層を破壊するということは、アメリカの化学者である、フランク・シャーウッド・ローランド（1927-2012）という人が提唱しました。

ローランドは1995年にこの業績でノーベル化学賞を受賞しています。

最後にもう一つ、臭素の応用について触れましょう。かつては写真の感光剤として臭素の化合物である臭化銀がつかわれていました。臭素との化合物のことを英語で「bromide（ブロマイド）」といいます。そういえば、昔はアイドルなどの写真を「ブロマイド」と言っていましたが、その語源は「臭素との化合物」ということのようです。「臭素化物」と聞くとネガティブなイメージですが、「ブロマイド」といえば、何かかっこいいですね。

C　炭素
――生命は宇宙で誕生した？――

6C

「低炭素社会の実現」などというキャッチフレーズがよく聞かれます。「脱炭素社会」と言うこともあります。しかしよく考えると、この言葉はちょっと変です。炭素が少ない社会というのは、いったい何なのでしょうか？炭素は私たちの身の回りにたくさん使われています。ダイヤモンド、鉛筆の芯、などのほか、最近は自動車や飛行機の車体や機体に炭素材料がつかわれています。炭素の化合物となると、有機分子、ポリマーや炭素繊維、そして私たちの体や動物、植物の主要成分はすべて炭素の化合物です。「低炭素社会」というのはだれが言い出したのかわかりませんが、要するに意訳すると、「物を燃やすことにより発生する二酸化炭素の排出量を抑える社会」ということのようです。有機物を燃やせば、その中にある炭素が空気中の酸素と化合して二酸化炭素（CO_2）を発生します。前回に引き続いて化学反応式を出してすみませんが、次のような式です。

$$C + O_2 \rightarrow CO_2$$

この反応が起こる時に熱が出て、それがエネルギーになり、動力や暖房になります。実際の燃料は炭素だけでなく、いろいろなものが混ざっています。燃料として古くは「薪（まき）」が使われていましたが、近代になってから石炭、石油そして天然ガスへと変化しています。

ところで燃料を炭素と水素の化合物と考えると、上の式は次のようになります。

$$C_xH_y + O_2 \rightarrow CO_2 + H_2O$$

つまり炭素と水素の化合物から二酸化炭素と水ができます。燃料を C_xH_y と表していますが、これは炭素と水素の比が x 対 y ということです。ただ、上の式は左辺と右辺の原子の数が合っていません。書き換えてみましょう。

$$C_xH_y + (2x+(y/2))/2\ O_2 \rightarrow x\ CO_2 + (y/2)\ H_2O$$

ちょっとややこしくてすみませんでした。要するに、この式の右を見ると、x が y に対して大きくなればなるほど、CO_2 の排出量が増えることになります。つまり最初の燃料の水素に対して炭素の割合が大きいほど、二酸化炭素の排出量が増えます。

x 対 y のおおよその値は、石炭が 1 対 1、石油が 1 対 2、天然ガスが 1 対 4 ですから、この順番で CO_2 の排出量は減り、クリーンな燃料ということができます。ちなみに上の式で x=0 としてみましょう。Y を仮に 2 とすると次のようになります。

$$H_2 \quad + \quad 1/2 \ O_2 \rightarrow \ H_2O$$

なんだか見たような式ですね。そう、水の電気分解の反対です。要するに水素と酸素から水ができる式です。これだと全く CO_2 が出ません。しかもこの反応は熱が出ます。

このことは、水素がまったく CO_2 を出さない「究極のクリーンな燃料」であるということを表しています。ただ、上の反応は爆発的に起こるので、家庭の暖房や自動車の燃料のように少しずつ制御して使うのは難しく、工夫が必要です。水素を自動車や家庭で燃料として使うことは、ある程度は実現していますが、確立した技術としてはまだまだこれからです。それに加えて、そもそも水素をどうやって作るかという問題もあります。水素を石油や天然ガスから作る過程で CO_2 の排出量が増えては元も子もありません。

さて、炭素はあらゆる元素の中で、もっとも多様な構造をとる元素のひとつです。100% 炭素でできている物質でも、鉛筆の芯である黒鉛（グラファイト）とダイヤモンドのように全く異なるものもあります。黒鉛は黒いのに、ダイヤモンドは透明で光り輝いています。黒鉛は柔らかいのに、ダイヤモンド最も固い物質です。なぜでしょうか？それは炭素と炭素の結びつき方が違うのです。図 6 を見てください。一番左の（a）がダイヤモンド、（b）が黒鉛です。ダイヤモンドは炭素と炭素が「がっちり」と手を結んでいて、立体的に広がっています。ところがグラファイトは、（b）のように蜂の巣のような形をした六角形の形が、紙のように広がっています。そして、その紙と紙の間は、非常に弱い結合で結ばれていて、簡単にはがれてしまいます。ですからグラファイトは弱くてもろいのです。

ところで、炭素だけでできた物質として、1985 年に、（c）のような構造の

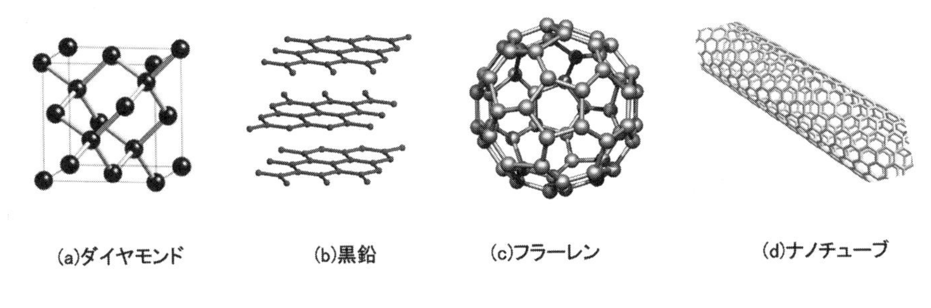

図6　炭素でできた物質の様々な構造

分子が発見されました。どこかで見た絵ですね。そうです、サッカーのボールです。最近のサッカーボールはカラフルな模様が入っていますが、昔のサッカーボールと言えば、(c) のような模様を白と黒に塗り分けたものがほとんどでした。この分子は「フラーレン」と呼ばれ、クロトー（1939-）、スモーリー（1943-2005）、カール（1933-）という3人の化学者によって発見されました。ネイチャーという雑誌に最初に出た論文の冒頭には、なんとサッカーボールの写真が載っています。(c) をよく見ると、5角形と6角形が交互に合わさった美しい形をしています。自然界というのは、美しくできているものです。この3人は、フラーレンの発見で、1996年のノーベル化学賞を受賞しています。その後、似たような分子がたくさん発見されましたが、1991年には日本の飯島澄男博士（1939-）が (d) のような物質を発見しました。これまた美しい形をしています。6角形をした層が、チューブ状になっています。日本古来の伝統技術である竹細工には、まさにこのような形をしたものがあるそうです。この物質は「カーボンナノチューブ」と呼ばれています。「ナノ」というのは、「ナノメートル」の略で、1メートルの10億分の1の大きさで、ちょうど原子や分子の大きさくらいです。つまりカーボンナノチューブは、原子の大きさくらいの炭素でできたチューブと言えます。チューブ方向の強度が非常に強いため、強度の強い細いワイヤーや、小さな電子配線など、様々な応用が期待されています。

もうひとつ、生物の中の炭素について触れましょう。生物は動物、植物ともに、ほとんどが有機分子でできています。有機分子の主体は炭素です。有機分子というのは、真ん中に炭素があって、その周りに炭素やいろいろな原子がくっついています。一番簡単な有機分子を図７に示しました。

図７の左の絵を見ると、真ん中の炭素を中心に、色の濃さが異なる４つの玉がくっついています。真ん中の炭素から見ると、４つの玉は同じ距離にあり、ちょうど正四面体の頂点の方向にあります。ところで、右側もおなじ分子の絵です。同じように見えますが、ちょっと違うようにも見えます。実は左の絵と右の絵は、ちょうど点線で示した位置にある鏡に映したような関係になっています。つまりこの２つは、絶対に重ねることができません。生物の有機分子はもっと複雑で、真ん中の炭素にいろいろな「玉」がくっついていますが、驚くべきことに、ほとんどすべての分子がどちらか１つの基本構造をしています。仮に生物の有機分子の基本が左の図としましょう。そうすると、右のような鏡の関係にある分子は、ほとんど存在しません。普通に考えると、有機分子を合成すれば、左の図と右の図が同じくらいの割合でできそうなものです。実際、実験室で有機分子を合成すると、右と左が同じだけできます。左だけができるということは、よほど特殊な反応をさせないと起こりません。いったいなぜなのでしょうか？

生物の有機分子が、なぜ左のような構造だけなのかということは、生物学の最大の謎で、いまだにその理由は明らかになっていません。生物学のもっと大きな問題は、「生物はどのようにしてできたか？」ということです。いわゆる「生命の起源」の謎です。それを解くカギが、この左右対称性にあると考える学者もいます。

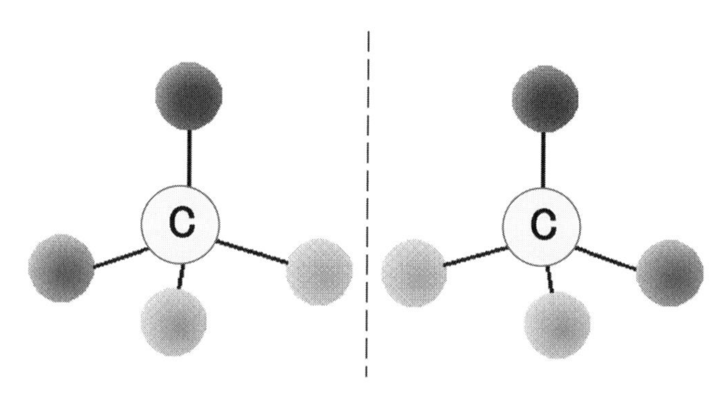

図７　２つの有機分子。真ん中の点線を鏡と考えると、右の分子は、ちょうど左の分子が鏡に映った形をしている

話のついでに、「生命の起源」に関して、もうちょっと述べましょう。生物は有機分子からできていて、その有機分子は炭素、水素、窒素、酸素など軽い原子からできています。ところがちょっと不思議なことがあります。酸素と水素は海水にたくさんありますし、窒素は空気中にあります。ところが炭素というのは、それほど地球上にはありません。クラーク数（地殻中の元素の存在比）でいうと、炭素は14番目で、地殻中に0.08パーセントしかありません。しかも地球上の炭素はほとんど酸素と結合していて、炭酸や二酸化炭素となっています。そんな少ない炭素を使って合成が難しい有機分子が自然にできて、それが生物になるというのは変です。その点に関して、驚天動地の説が唱えられました。イギリスのフレッド・ホイル（1915-2001）という学者が「生命宇宙誕生説」を唱えたのです。なんと、生命の素は宇宙で発生し、それが地球にやってきたというのです！しかも、その生命の素は、現在でも毎日のように地球に降り注いでいるというのです。

太陽系の中には、メタンやアルコールなどの有機分子をたくさん含む惑星や衛星がたくさんあります。木星の惑星であるタイタンやエウロパには有機分子があるとも言われています。そういった炭素や有機分子がたくさんある惑星や衛星で生命の素ができ、それが地球に飛んできて生命になったというのです。このフレッド・ホイルという学者はSF小説も書くくらい、ちょっと「うさんくさい」面もありますが、ほかに多くの学術的業績がある人で、王立協会の会員に選出されています。最後にはイギリスでもっとも権威のある「ナイト」に叙せられたというほどの人です。ですから、この説は全く無視できる「トンデモ科学」とも言いきれません。本当かどうかは、これからの科学の進展によるのではないかと思います。

Ca カルシウム
――人類最古の材料――

20Ca

「カルシウムが不足するとイライラしやすくなる」という話をよく聞きます。しかし、これは科学的にきちんと証明されているわけではありません。ただ、何らかの神経の興奮に、体内のカルシウムがイオンとして関係していることは事実のようです。特に細胞の内側と外側を行き来するカルシウムイオンは、「カルシウムチャンネル」と呼ばれていて、私たちの生理作用にとって重要な機能を果たしています。たとえば、筋肉が伸びたり縮んだりするのは、筋肉細胞の中にあるカルシウム濃度が上昇することによって起こります。 また、神経の刺激伝達は、神経細胞内のカルシウムの濃度上昇が合図となって始まります。

カルシウムが私たちの体にとって必須の元素であることは、骨の主成分がカルシウムであることからもわかります。骨はリン酸カルシウムという化合物を主成分としてできていますので、カルシウムが不足すると当然骨が弱くなります。ただ、骨というのは、単に体を支えたり、運動したり、頭を保護したりするだけではありません。実は、先に述べた「カルシウムチャンネル」を働かせるための、重要なカルシウムの貯蔵庫となっているのです。ですから、骨が太くて丈夫という人は、生理機能や運動神経もよいはずです。

カルシウムは金属ですが、私たちの身の回りで金属のカルシウムを見たり使ったりすることは、ありません。空気中に置くとカルシウムは、たちどころに酸素と反応してしまい酸化カルシウムになります。この酸化カルシウムは「生石灰」とよばれています。これは、「せいせっかい」と読みます。ついつい、「しょうせっかい」と呼んでしまいますが、「しょうせっかい」は「消石灰」と書き、水酸化カルシウムのことです。つまり生石灰と水が反応すると、次の式のように消石灰になります。

$$CaO + H_2O \rightarrow Ca(OH)_2$$

最近はあまり使われなくなったと思いますが、運動場に白い線を引くときに使う白い粉が消石灰です。

カルシウムは、人類が材料として使い始めた元素としては、最も古いもののひとつです。それは「セメント」です。セメントというと、近代の建築を思い浮かべますが、実は古代においてピラミッドやパルテノン神殿の主要な建材として使われていました。さらに古くは、9000年も前に、現在のイスラエルあたりで使われていたという説があります。建材と言ってもそれほど手の込んだものではなく、石灰石を採取して、それを加熱するだけです。石灰石は主に炭酸カルシウムですが、それを加熱すると、二酸化炭素が飛んで先ほど述べた生石灰になります。それを建築材として使うと、空気中の炭酸ガスを吸って固まります。つまり炭酸カルシウムに戻ることにより再び固くなるわけです。その後、中国やローマで水を意図的に加えることにより、消石灰、つまり水酸化カルシウムにして固まらせる方法が開発されました。4000～5000年前のことです。その後、さまざまな改良がくわえられましたが、生石灰に水を加えて固まらせるという基本的な反応は、現在のセメントも変わりません。

日本は石灰岩が多いので明治以降、大量に石灰岩の採取とセメントの製造が行われました。鍾乳洞があるところは石灰岩の産地です。秋吉台のある山口県や、岡山県から広島県にかけての吉備高原が有名です。また東京近郊では、奥多摩や秩父が有名で、これらの地域には大きなセメント会社があります。

明治以降セメントが大量生産された日本では、それまでの木造建築に代わって、コンクリートの建物が急増しました。ただ、コンクリートの建物というのが日本の風土に合っているのかどうか、少々疑問です。日本は高温多湿です。梅雨の間、これだけ雨が多くて湿度が高いと、コンクリートの表面はボロボロになってきます。実際、たとえば1923年（大正12年）に建てられた東京の「丸ビル」も、1999年に解体されて「新丸ビル」になりました。つまり「丸ビル」は80年ももたなかったわけです。木造建築の法隆寺が、1400年間も風雪に耐えているのとくらべて、えらい違いです。現在も高層ビルがたくさん建設されていますが、いったい耐用年限をどのくらいに考えているのでしょうか？ もっとも、都会のビルをすべて木造に変えろというのは無理でしょう。また日本は地震が多いので、「石作り」に変えるのも不可能です。ですから、もっと湿気に強いコンクリートの開発が必要です。

Cd　カドミウム
――公害の原点――

64 Cd

カドミウムと聞くと「イタイイタイ病」を思い出します。日本の公害病の原点ともいえる病気です。イタイイタイ病は、富山県の神通川流域で採れたコメを食べた人の間に起こりました。この病気の原因がカドミウムであることは、すでに1960年代に国によって認められました。実は神通川へのカドミウムの放出は、江戸時代から始まっていました。神通川の上流で、銀や鉛を採掘していて、その廃液の中にカドミウムが含まれていたと思われます。それが明治時代になって生産量が飛躍的に増大し、カドミウムの放出量が急激に増えました。

イタイイタイ病の原因として、当初はいろいろな説がとなえられました。ただ、こういった金属元素の人体に対する影響というのは、完全に証明するのは難しいのです。動物実験をするにも、「痛い」と言いう感覚は、動物になってみないとわかりません。しかもこういった実験は、「しきい値」というのが重要なのですが、それを調べるのはさらに困難です。この「しきい値」というのは、その症状を発生するために必要な量です。たとえば、最近放射線の人体に対する影響が問題となっています。「100ミリシーベルトまでは放射線を浴びても大丈夫だ」などと言われていますが、これを科学的に証明することは非常に困難です。100ミリシーベルト浴びたら、すべての人が同じような症状になるわけではないのです。これはたばこやお酒の害と似ています。同じ量を喫煙した人が、同じように病気になるわけではないのです。さらに厄介なことは、金属元素の人体に対する影響を科学的に証明するためには、「このくらいの物質を飲み込むと、この分子のこの部分がこう変わるので、こういう症状になる」ということをきちんと説明しなければなりません。人間の体というのは複雑なので、そうそう簡単に説明することは困難です。そんなわけで、カドミウムがイタイイタイ病を引き起こす正確なメカニズムは、いまだに完全にはわかっていません。

そんな公害のイメージが強いカドミウムですが、材料としては私たちの役に立ってきました。「ニッカド電池」という言葉を聞いたことがあるかもしれません。これは電池のマイナス側の電極にカドミウムが使われている電池です。このニッカド電池は、充電して何回も使えるため、かつては充電できる乾電池として広く使われていました。もっとも、これも最近では充電可能な電池として、マイナス電極に金属と水素の化合物を使う「ニッケル水素電池」の方が、いろいろな面において性能が優れているので、主流となっています。それに加えて、やはりカドミウムが有害だということで、回収と廃棄に手間がかかるのでだんだん使われなくなりました。

またカドミウムは、黄色い色を出すための顔料として使われています。これは主に硫化カドミウムという化合物です。絵の具などの中にはまだこのカドミウムが使われているものもありますが、大量に使う工業製品の場合は、やはりカドミウムが有害だということで、使われなくなりました。というわけで、カドミウムという元素は、近年評判が悪くなった元素の筆頭と言えそうです。

Ce　セリウム
――核分裂で多くできる元素――

58 Ce

福島第一原子力発電所の事故以来、放射能汚染に関して「セシウム」という言葉をよく耳にします。ちょっと紛らわしいですが、これから述べるのは「セシウム（Cs）」ではなく「セリウム（Ce）」です。セシウムの原子番号は55（質量数は約137）ですが、セリウムはそれより3つ大きい58（質量数は約140）です。セシウムと違ってセリウムのほうは原発事故の放射能と関係がないと思われがちですが、実際はそうではありません。

図8を見てください。これは質量数が235のウランが分裂した時の核分裂

生成物の質量分布です。2つに分かれるので、2つ足すと235になるように分かれます。この図を見ると、2つ山があることがわかります。つまりウランは大小2つの原子に分裂します。この右側の重い方の山の頂上にセリウムとセシウムがあります。このグラフの縦軸は「ログスケール」といって、10倍ずつ同じ長さで表してあります。ですから、実際にこの山はもっと急峻で、ウランが分裂すると、ほとんど2つの山の頂上の元素になるといえます。ですから、セリウムもセシウムともに核分裂生成物としては、非常に多い元素になります。

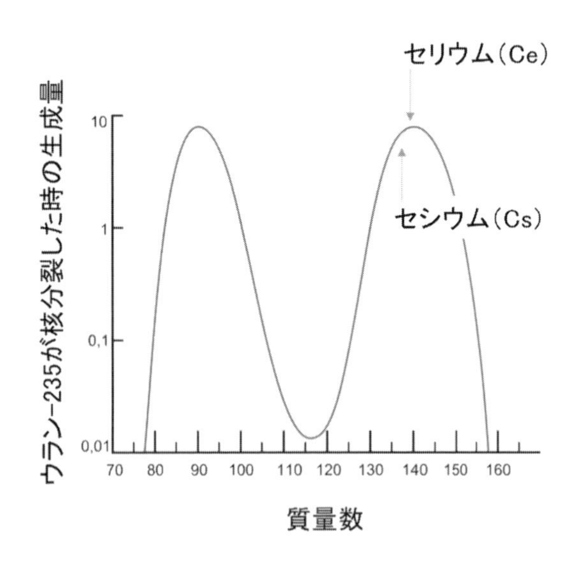

図8　ウランの核分裂したときに生成する核種の質量分布

福島第一原子力発電所の事故以来、環境での放射線汚染が問題になっている元素は、おもにこの2つの山にある元素です。ただ、これらの山の頂上にある元素がすべて問題になっているわけではありません。この中で放射能を強く出す元素と、空気中を飛んできやすい元素が問題になります。セシウムは「放射能が強い」という性質と、「空気中を飛びやすい」という性質の両方を兼ね備えているので、問題になっているわけです。一方、セリウムのほうは、核分裂生成物としてできる量は多いのですが、その中で放射能を出すのはセリウム-144という核種で、これは半減期が285日と短いこともあり、現在ではあまり問題とはなっていません。

さて、そのセリウムですが、セリウムは「レアアース」の仲間です。レアアースというのは、原子番号57番のランタン（La）から、原子番号71番のルテチウム（Lu）までの「ランタノイド」と呼ばれる15種類の元素に、スカンジウム（Sc）、イットリウム（Y）を加えた元素の総称です。その中で、セリウムは、ランタンよりひとつ原子番号が大きい元素です。レアアースは、化学的な性質が非常によく似ているという特徴があります。

レアアースの「レア」というのは英語の「rare」で、「まれな」、「希少な」という意味です。「アース（earth）」は「地球」ですが、この場合は「地殻」といった意味です。ですから「レアアース」とは「地殻の中にあまりない、まれな元素」ということになります。日本語も、これを和訳して「希土類」といいます。ただ、周期律表の全元素を見渡してみると、「レアアース」に含まれないのに、地殻の中にほとんどない元素もあります。ですから正確にいうと、レアアースという言い方は必ずしも正しくはありません。ちなみに「レアアース」と似た言い方で「レアメタル」というのがありますが、こちらは「貴金属」で、レアアースを含みますがその他にも貴重な金属ということで、たくさんの金属があります。

さて、レアアース（希土類）は、先ほど、スカンジウム（Sc）とイットリウム（Y）、そしてランタノイド元素という15種類の元素の、計17種類の元素からなり、化学的性質が似ていると述べました、なぜそうなっているのでしょうか？ランタノイド元素で説明しましょう。

以前、電子配置と化学反応について述べたときの図を再び図9に出します。左側は、化学的に安定なキセノン（原子番号54番）の電子配置です。実際はもっと中のほうにいっぱい電子がありますが、省略して外側の電子だけが書いてあります。外側の電子が8個になると安定するということを述べましたが、キセノンの一番外側は8個なので安定です。キセノンより原子番号が一つ大きい元素のセシウム（原子番号55番）の場合は、そ

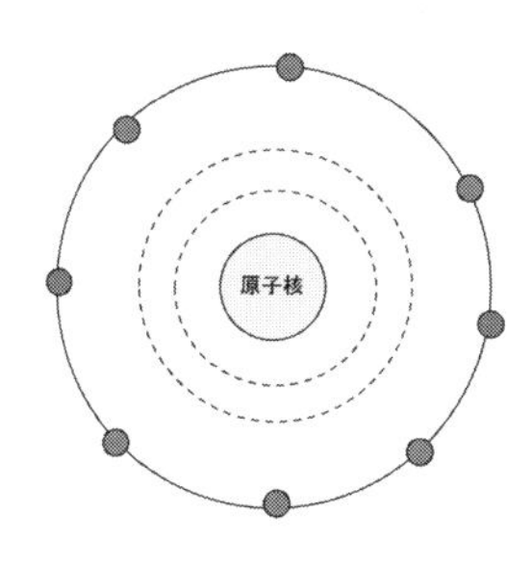

キセノン（Xe）の電子配置

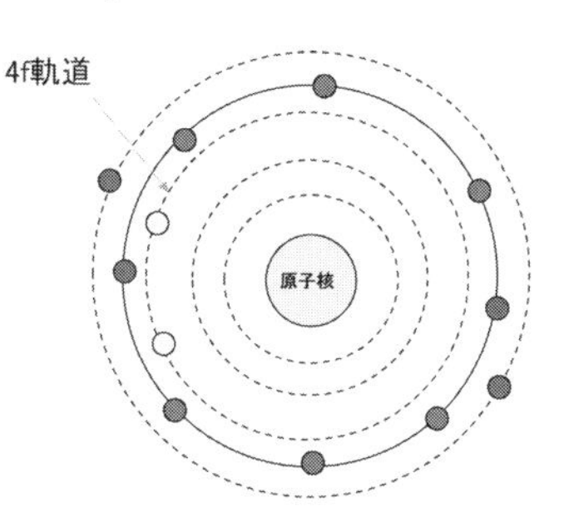

ランタノイド原子の電子配置の一例

図9　キセノンとランタノイド原子の電子構造

の外側の軌道に電子が一つ入ります。さらに一つ上のバリウム(原子番号56番)は、外側の軌道に2つ電子が入ります。この最も外側の電子の数が化学反応性を決めますので、セシウムは1個の電子が取れてプラス1価のイオンになりやすく、バリウムは2個の電子が取れてプラス2価のイオンになりやすいわけです。そしてその次からランタノイド元素が始まります。ところが、ランタノイドの場合、電子が外側の軌道に入っていくのではなく、なぜか内側に入っていきます。図では薄い色の丸で電子を表示してあります。この内側の軌道を「4f軌道」、そこに入っていく電子を「4f電子」といいます。実際は、状況によって4f軌道以外にも電子が入りますが、ここでは簡単のため、4f軌道に入るように書いてあります。いずれにしても内側の軌道が電子で詰まっていくだけで、外側の電子数は変わりません。そういうわけで、ランタノイド元素は、原子番号が変わっても化学的な性質はあまり変化しないわけです。

セリウムは新素材としての応用が広い元素で、磁石やガラスの紫外線カット用の材料などとして使われているほか、電気抵抗がゼロとなる「超伝導材料」としての応用も期待されています。

Cl 塩素
――毒ガスとノーベル賞――

17 Cl

「塩素殺菌」という言葉を聞いたことがあるでしょう。塩素は毒性が強いため、消毒や殺菌に使われています。実際に水道水の殺菌には塩素が使われています。昔の水道水は、塩素のにおいがしたものでが、現在の水道水は殺菌技術が向上したため、ほとんど塩素のにおいはしません。実際に殺菌に使われていて匂うのは「次亜塩素酸ナトリウム」という塩素の化合物です。消毒液や漂白剤で匂うのも、たいていはこの化合物です。塩素ガスは、塩素原子が２つくっついたものです。塩素ガスも殺菌に使われますが、気体なので人体には有害で、毒ガスとして兵器に使われています。

ところで、塩素と言えばひとつ電子が付いたマイナスイオン、つまりCl^-イオン（１価のマイナスイオン）になりやすい元素です。前回出した電子の配置図で、一番外側の軌道の電子の数が７個なので、１個の電子をもらってマイナスイオンになれば、外側の軌道の電子が８個になって安定化するからです。実際、塩素はプラス１価のイオンと結合して非常に安定な化合物を作ります。プラス１価のイオンというのは、例えばナトリウムやカリウムのようなアルカリ金属です。ですから、プラス１価のナトリウムとマイナス１価の塩素が結合したものが塩化ナトリウム、すなわち「塩（しお）」です。塩はもちろん安定で、人間にとっても安心して食べられる無害な物質です。

ところが塩素はマイナスイオンになりやすいと思い込んでいると、実は全く違って、塩素は時にはプラスイオンになります。しかも、塩素のプラスイオンにはたくさんの種類があります。さきほど殺虫剤としてでてきた「次亜塩素酸ナトリウム」の塩素は、実はプラス１価なのです。ちょっとややこしいですが、その他の塩素イオンをちょっと整理してみましょう。

塩化ナトリウムなど　塩素はマイナス１価
次亜塩素酸　　　　　塩素はプラス１価
亜塩素酸　　　　　　塩素はプラス３価
塩素酸　　　　　　　塩素はプラス５価
過塩素酸　　　　　　塩素はプラス７価

何と塩素はマイナス１価からプラス７価まで、非常に幅広い原子価をとります。塩化ナトリウムの塩素と過塩素酸の塩素の原子価の差はなんと８価もあります。

上のネーミングをした人は相当苦労したようです。最初にプラス５価の化合物に「塩素酸」と名づけたまではいいのですが、その後に、プラス３価がみつかったので「亜塩素酸」と付けました。「亜」というのは、「亜熱帯」などのように「それに続く」と「次の」といった意味で、化学の世界ではよく使われます。ところが、それよりさらに原子価が小さいプラス１価の化合物が出てきたので、「次の、次の」という意味で「次亜塩素酸」としました。一方、プラス５価よりさらに大きい方は「過塩素酸」と付けました。しかしこのネーミングはちょっとややこしいですね。覚えるのが大変です。もっとも英語の方も結構苦労したようで、

次亜塩素酸	hypochlorous acid
亜塩素酸	chlorous acid
塩素酸	chloric acid
過塩素酸	perchloric acid

となっています。これが試験問題に出たら苦労しそうです。次亜塩素酸に出てくる「hypo」というのは、「下方の」、「より少ない」という意味です。だいたい英語と日本語は対応していますが、英語の場合は、亜塩素酸と塩素酸で言葉を変えているので、段階が一つ少なくなっています。ですから「次亜」と2ついう必要はないわけです。このややこしいネーミングは、リンとイオウのところでまた出てきますので、すみませんが覚悟してください。

さて、話は戻りますが、さきほど塩素ガスは非常に毒性が強く毒ガス兵器として使われた、という話をしました。歴史的には塩素ガスが最も使われたのは第一次世界大戦です。当時のドイツ軍は、連合国軍との戦闘に、大量の塩素ガスを毒ガスとして使いました。その時、ドイツ軍の化学兵器の総責任者は、フリッツ・ハーバー（1868-1934）という化学者です。このフリッツ・ハーバーはドイツを代表する大化学者で、空気中の窒素から化学肥料として重要なアンモニアを合成する方法を開発したことで有名です。この方法は、共同で開発したカール・ボッシュ（1874-1940）の名前とともに「ハーバー・ボッシュ法」と呼ばれています。フリッツ・ハーバーは30代の若い時に、この方法を開発し、のちにノーベル化学賞を受賞しています。

ところが、ハーバー・ボッシュ法を開発してフリッツ・ハーバーが一躍有名になってから、ほどなくして第一次世界大戦がはじまります。すでに化学分野

の大家になっていたフリッツ・ハーバーに、国から毒ガス製造に関する研究をするようにとの依頼が来ます。愛国心の強かったハーバーは、塩素ガスを使った毒ガス兵器の開発の責任者となり、開発にまい進します。けれども、やはり当時から毒ガスのような非人道的な生物兵器に対する反対は多く、なんとフリッツ・ハーバーの妻が、夫の毒ガス開発に対して反対します。そしてとうとう、妻はこのことが原因で自殺してしまいました。戦争は1918年にドイツの敗北で終わります。ところが、なんとその1918年のノーベル化学賞に、毒ガスの責任者だったフリッツ・ハーバーが選ばれたのです。対象となった業績は、もちろん毒ガスではなく、若い時に発明したアンモニア合成法です。しかし、この選考に対して、世間は猛反発します。「敗戦国ドイツの毒ガスの責任者がノーベル賞とは、けしからん！」というわけです、実際、フリッツ・ハーバーは戦後、戦争犯罪人としてブラックリストに入っていて、海外逃亡を図ったくらいです。しかし結局、フリッツはノーベル賞を受賞し、研究に復帰します。そしてその翌年にも「ボルン・ハーバーサイクル」という熱力学の大理論をうちたて、当代最高の科学者として活躍しました。

現在ドイツには、彼の名前にちなんで「フリッツ・ハーバー研究所」という化学の研究機関があります。この研究機関からは、ノーベル賞受賞者を含む多くの研究者が育っています。

Co　コバルト
──青春のイメージ──

27 Co

ここまでに、臭素、カドミウム等、毒や公害の元凶としてイメージの悪い元素がでてきました。今回のコバルトという元素は、うってかわって「イメージがいい元素」に入るでしょう。「コバルト色」、「コバルトブルー」、「コバルトバイオレット」など、色に関する言葉が多く、いずれもさわやかな印象を与えます。ある出版社に「コバルト文庫」というのがありますが、これは主に少女向けの小説を多く出している文庫です。沢田研二の「コバルトの季節の中で」や、矢沢永吉の「コバルトの空」など、歌の題名や歌詞にもよくこれらの言葉が使われます。どうやら、「コバルト」は、青春や若さをイメージさせるようです。

ところで「コバルトブルー」というのは、明るい青といった感じの色ですが、コバルトそのものの色ではありません。元素としてのコバルトは金属なので、きれいなものは銀のように白い金属光沢をしています。鉄、コバルト、ニッケルは、3つひとくくりにして語られることが多いのですが、この3つの元素は、周期律表を見ればわかる通り、原子番号が続いています。普通は原子番号がひとつ変わると、化学的性質が違うものですが、以前「ランタノイド」のところで説明したように、この場合も化学的な性質はそれほど変化しません。

鉄、コバルト、ニッケルに共通するのは、磁石としての性質です。なぜこの3つの金属が磁石になるのでしょうか？ある物質が磁石になるためには、「中途半端な電子」が必要です。図10を見てみましょう。これは、今まで出てきた丸い電子の軌道の図のうち、一番外側の軌道の一部を書いたものです。s軌道、p軌道、d軌道などと書いてあるのは電子の軌道の名前ですが、無視してください。前回の図と違うのは、電子に上向きと下向きの矢印が書いてあることです。実は、上向きの矢印が付いた薄い色の電子と、下向きの矢印が付いた濃い色の電子がペアを組むと安定になるという性質があります。この矢印は電子の回転方向を示していて、電子の回転運動をスピンと言いますので、「スピンが

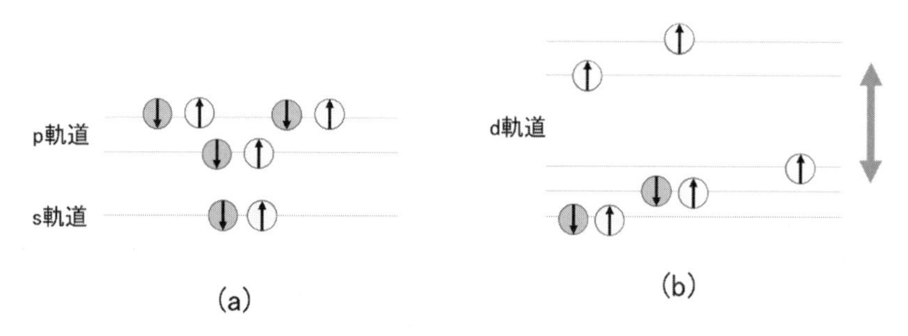

図10　一番外側の電子の軌道の例。(a) は磁石でない原子、(b) は磁石になる原子。

反対向きの２個の電子がペアを組むと安定である」と表現してもいいでしょう。

それはそれで正しいのですが、鉄、クロム、ニッケルといった原子は、「遷移金属元素」という一連の金属の仲間で、右図のようなちょっと特殊な電子の配置をしています。今まで「一番外側の軌道の電子が８個で安定」と述べましたが、遷移金属の場合、d軌道と書いた軌道は５個あって、その軌道に２個ずつ電子が入り、10個で安定になります。そのときに、先ほど述べた法則である「スピンが反対向きの２個の電子がペアを組むと安定である」ということが、必ずしも成り立ちません。右図の（b）の上の方にある薄い色の電子は、スピンが同じ向きで、ひとつずつ違う軌道に入っていきます。そうすると、この１人寂しい「中途半端な電子」が、悪さをして磁性を発生させるのです。このようにスピンが同じ向きで違う軌道に電子が入るというのは、コバルトなどの原子だけでなく、様々な分子でも起こります。また同じ物質でも、圧力をかけたり、限りなく小さくしていったりと、様々な条件を課すことにより、突然磁石になることもあります。いずれにしても、磁性がなぜ発生するかということに関しては、現代の物理学でも、まだまだ未解明の謎が多くあります。磁性の研究は、物理学の主要な研究テーマとなっています。

さて、コバルトは「コバルトブルー」に代表されるように、鮮やかな色を持っていますが、は、先ほど述べたとおり、これは金属コバルトの色ではなく、コバルトの化合物の色です。自然界にあるコバルト化合物の色というのは、ほとんど酸化物の色です。人工的には、コバルトといろいろな有機分子を結合させて、青以外にも様々な色を出すことができます。どうして色がつくのでしょうか。これまた先ほどの図で説明した方がよさそうです。図10に戻りましょう。

この図で右の（b）は５個の軌道が書いてありますが、下の３つと２つの間が少し離れています。これは、たまたまではなく、わざとそう書いたのです。実は遷移金属元素が化合物を作ることにより、５つのd軌道が２対３に分かれます。そして上の２つの軌道と下の３つの軌道のエネルギー差（両矢印で書いたエネルギー）が、ちょうど光のエネルギーに相当するのです。このエネルギー差を、いろいろな化合物を作って調節することにより、様々な色を出すことができます。

Cr　クロム
――さびを止める――

24 Cr

コバルトの最後のところで、「遷移金属が化合物を作ると様々な色が付く」と述べました。早速ですが、今回のクロムという名前は、まさにギリシャ語の「色」を意味する「chroma」からきています。「モノクロ」というのは、「色がひとつ」、つまり白黒と言うことです。クロムという名前が「色」から来たのは、クロムの化合物、とくに酸化物が遷移金属酸化物の中でも、特に多様な色を呈するからです。

さて、元素としてのクロムは、文字通り金属光沢をしたれっきとした金属です。金属としてのクロムの特徴は「さびにくい」という点にあります。「さびる」ということは、酸素と化合して、酸化物になるということです。では、クロムは酸素と化合しにくいということでしょうか？実は全く反対です。

以前、アルミニウムのところで、「アルミニウムはさびやすいからさびにくい」という逆説的な言い方をしました。クロムも基本的にこのアルミニウムの場合と同じです。金属クロムの表面には、薄いクロムの酸化膜ができて、これが内部へのさびの侵入を防ぎます。この膜を「不動態膜」とも言います。つまりクロムもアルミニウムと同じように「さびやすいからさびない」と言えるでしょう。このクロムがさびにくいということを利用して、表面をクロムでめっきすることが昔から行われてきました。驚くべきことに、秦の始皇帝のお墓である「兵馬桶」の中に、クロムメッキをした食器があります。2000年以上も前ですから、中国の技術というのも歴史が古いものです。

クロムがさびにくいという性質をうまく使ったもう一つの例が、ステンレスです。ステンレスの意味は「stain」（汚れ）が、「less」（ない）ということです。ステンレスは、鉄、クロム、ニッケルの合金で、この3つの割合にはいろいろなものがあり、用途によって使い分けています。ステンレスがどうしてさびないのかというのは、先ほど述べた話と同じです。鉄の中にあるクロムが表面に出てきて、そこに薄いクロムの酸化被膜ができて、さびの侵入を防ぐのと考えられています。現在のステンレスの普及から考えて、ステンレスを発明した人はノーベル賞をもらってもおかしくありません。実際、ノーベル賞というのは基礎的な研究だけでなく、2014年の「青光発光ダイオード」もそうですが、実用化された応用研究も重視しています。けれども、ステンレスというのは、鉄―クロム合金から始まって、いろいろな人がかかわり、すこしずつ改良されていったものなので、発明者を特定することが難しいく、それがノーベル賞をもらっていない理由のようです。

最後にクロムについてもう一つ触れましょう。クロムは、原子価によって生物に対する影響が極端に違う元素です。一般にクロムは、クロム三価（Cr^{3+}）とクロム六価（Cr^{6+}）のイオンが安定ですが、そのうち三価のイオンは人間にとっても必要なイオンです。三価クロムは、糖の代謝にとって重要な役割を果たしていて、クロムが不足すると糖尿病を誘発するといわれています。ところが六価クロムは、有害金属の代名詞にもなるくらい毒性を持っています。粘膜にくっつくと炎症を起こしますし、体内に取り込まれると、ガンになることもわかっています。戦後間もない時期は、埋め立て地の地盤を固くするためにクロムが使われていました。そのため、たとえば東京の江東区では地下水から六価クロムが検出され「六価クロム問題」として社会問題となりました。いまでは六価クロムの濃度は下がっていて、問題になることは少なくなりました。

Cs　セシウム
――正確な時計――

55 Cs

福島第一原子力発電所の事故以来、「セシウム」という言葉をよく聞くようになりました。原発事故により放出された放射性元素のうち、セシウム137

という核種がひろく環境に広がり、そこから出るガンマ線による被ばくが問題となっているからです。ただ、勘違いしやすいことですが、ガンマ線を出しているのはセシウムではありません。こう言うと、専門家でも、「え！本当？？」とびっくりするかもしれません。図 11 を見てください。セシウム 137 はベータ線という放射線を出してバリウム 137 という核種に変わります。この時の半減期が 30 年です。ところがこの時できるバリウム 137 という核種は安定ではなく、3 分の半減期で安定なバリウムになりますが、そのときにガンマ線が出ます。つまりガンマ線を出しているのはバリウムということになります。ただ、30 年かけてゆっくりとセシウムがバリウムに変わっていきますが、変わった瞬間にバリウムからのガンマ線が出ますので、見かけ上、「セシウムから出ていると思われている」ガンマ線も 30 年の半減期で減少していきます。

ところでウランが核分裂をすると、様々な核分裂生成物ができ、その中にはいろいろな原子や核種があるのですが、なぜセシウムが特に問題となっているのでしょうか？それについては、セリウムのところで説明しましたが、もう一度同じ図を出して説明しましょう。図 12 は、ウランが核分裂したときの核分裂生成物の質量数の分布です。2 つ山がありますが、右の方の山にセシウムがあります。つまり、セシウムは核分裂生成物の中でも圧倒的に多い元素だということです。ちなみに、放射能汚染でよく聞く「ヨウ素」や「ストロンチウム」といった元素も、図に書きましたが、いずれも山の上の方にあります。次に、核分裂生成物の量が多いからと言って、必ずしも問題となるわけではありません。「都合の悪い長さの半減期」を持っている核種が問題となります。放

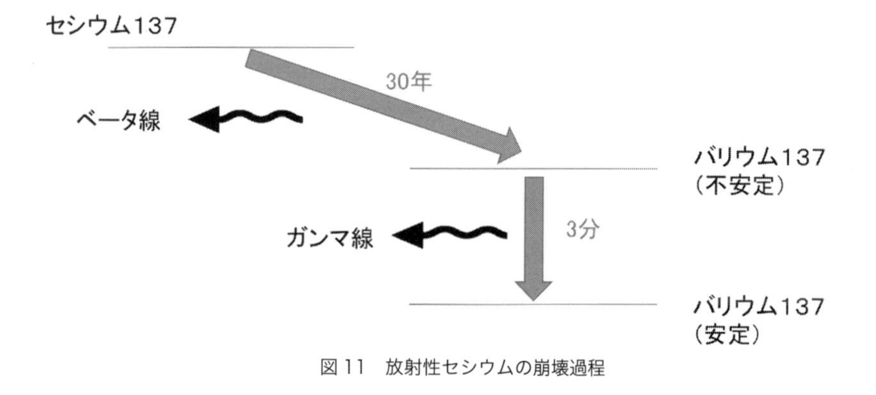

図 11　放射性セシウムの崩壊過程

射性核種の中には、半減期が１秒以下のものもありますので、そういう元素はすぐ放射能がなくなってしまい問題になりません。逆に半減期が非常に長いと、放射線を少しずつ出しますので放射能は弱く、これも問題になりません。セシウム 134 という核種の半減期は 2 年、セシウム 137 の半減期は 30 年ですから、ちょうど、私たちの人生の長さに匹敵する「都合の悪い長さ」なのです。さらに、もうひとつ原発事故で環境中の放射線が問題となるためには条件があります。それは「空気中を飛びやすい」ということです。セシウムは蒸発しやすいので気体になりやすく、空気中を飛んで広がりやすい性質を持っています。ですからセシウムは原発から離れた遠いところまで飛んで行ったと思われます。

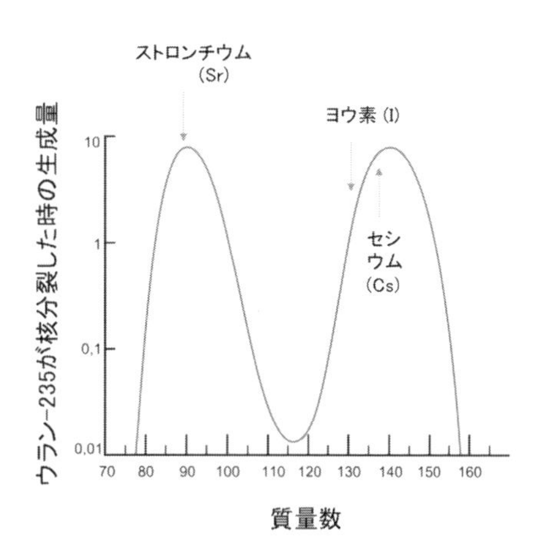

図 12　核子（陽子＋中性子）の数と核子１個当たりの質量の減少の関係

さて、セシウムは私たちの毎日にとって、極めて重要な役割を果たしています。といってもセシウムでできた材料ではなく、時間です。私たちは何気なく毎日時計を見ていますが、時間の最も基本的な単位である１秒というのは、いったいどこから来たのでしょうか？学校で習うのは、１秒というのは１日の長さを 24 時間、１時間を 60 分、１分を 60 秒と分けていった時の長さということです。つまり１日の長さの 86400 分の１です。昔はそれでよかったわけですが、現代はそうはいきません。１日の長さといっても、季節や緯度によってまちまちです。そこで、１秒の長さを科学的な方法で正確に定義することが考えられました。正確な時を刻むものとしては、クウォーツなどの時計に使われる水晶振動子がよく知られています。現在でもいろいろな電子機器に時計として使われています。しかし水晶振動子でも、誤差が１億分の１秒くらいあります。これは３年間に１秒くらいずれる計算になります。そこで、もっと正確に時を刻むものがないかと研究がすすめられ、現在ではセシウムの蒸気が１秒の基準に使われているのです。どうやって１秒を決めるのでしょうか？それは簡単にいうと、光の吸収を使うのです。

電子の軌道がとびとびになっていることは、今までにも何回か出てきましたが、もう一度図13に一番外側の電子の軌道の例を出します。実際はもっと複雑ですが、簡単にしてあります。上の軌道から下の軌道に電子が落ちるときに、この2つの軌道のエネルギー差に相当する光が出ます。光といってもセシウムの場合はマイクロ波という電波です。よくラジオの放送で「・・・キロヘルツ」とか「・・・メガヘルツ」という言葉を聴きますが、ヘルツというのは1秒間に光や電波が何回振動するかという値で、先ほどのエネルギーと関係しています。ですから、2つの軌道間のエネルギーが決まっていれば、そこから出てくる光の振動数が決まりますので、時間を定義することができます。以上の説明からわかる通り、基本的にどんな原子でも軌道のエネルギーが2つあれば時間の標準になります。その中でセシウムが選ばれた理由はいくつかあります。

まず安定なセシウムは、質量数が133という核種しかないことです（放射性セシウムの137というのは、原子の数は非常に少なく無視できます）。質量数が違うものが含まれると、電子のエネルギーが微妙にずれるからです。あと、セシウムは蒸発してガスになりやすいこと、2つのエネルギーの差がちょうどマイクロ波の装置と相性がいいことなどがあります。こう書くと、なんだか簡単のように思えますが、実際には温度が高いとエネルギーに幅ができてしまうので、原子にレーザーを当てて低温に冷やすなど、最先端の工夫がされています。現在では、セシウムを使った原子時計は、10のマイナス15乗の精度があるそうです。これはなんと1億年に1秒くらい狂うくらいの精度です。

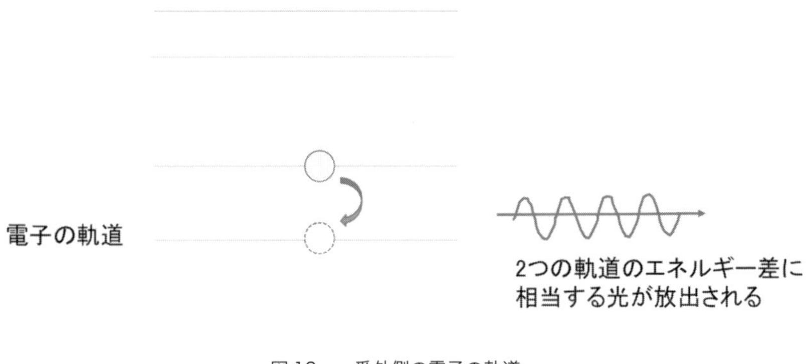

電子の軌道

2つの軌道のエネルギー差に
相当する光が放出される

図13　一番外側の電子の軌道

Cu　銅
──将棋の駒にあった「銅将」──

29 Cu

ここまでに、すでに金（こがね）と銀（しろがね）がでてきました。もうひとつの銅（あかがね）の登場です。
前回、将棋の駒に、「金」と「銀」があり、金のほうが王様のそばにいて価値が高いということを述べました。現在の日本の将棋にはありませんが、実は将棋には「銅」もあったのです。正確には「銅将」と言います。これは昔行われていた「大将棋」や「中将棋」といった、現在の将棋より駒の数が多い将棋で使われていました。銅将の動きは、やはり金や銀より制限されていて、たとえば、縦横にひとマスずつしか動けないなどの制約がありました。やはりオリンピックのメダルと同じで、洋の東西を問わず昔から、金→銀→銅の順番は変わらないようです。

英語で「銅」は「copper」（カッパーと発音する）と言います。理系の研究者や技術者なら、銅と言えば「カッパー」とすぐ思い浮かべるでしょう。ところが、オリンピックの「銅メダル」は、「copper medal」ではなく「bronze medal」といいます。考えてみると当たり前で、人類が昔から使っていた銅というのは、多くはbronze（ブロンズ）です。日本語では「青銅」と訳します。これは銅とスズの合金です。日本では、このブロンズのことを時々「銅」と言ったりするので、メダルの方も「青銅メダル」ではなく、慣用的に「銅メダル」になってしまったのでしょう。

さて、古代から武器、食器、装飾品などには主に「青銅」が使われていたのですが、実は人類の歴史においては、銅のほうが青銅より先に使われました。金、銀、銅などの貴金属は、酸化しにくいために、時として自然現象として金属のまま地面に現れることがあります。砂金がその例です。銅も地面にそのままあったものを、古代の人たちは使い始めたようです。いまから9000年も前のメソポタミアあたりと言われています。最初は銅は装飾品として使われました。
多くの金属は、刀や盾、矛などの軍事用品として発達してきましたが、銅の弱点は「柔らかい」ことです。鉄の刀と銅の刀で戦えば、鉄が勝つに決まっています。ですから、銅はもっぱら食器や装飾品、のちには貨幣として使われてきました。エジプト時代になると、青銅が発明され、徐々に銅は青銅に置き換わっていきます。

日本でも弥生時代から銅鐸や銅剣、銅矛として青銅が用いられました。ただ、やはり銅剣や銅矛など戦争に使う道具は、鉄器に置き換わっていきました。銅を使ったものとして一番有名なのは、わが国最初の貨幣と言われている和銅開珎です。以前は「わどうかいほう」と習いましたが、正式には「わどうかいちん」と読むようで、現在はそう習っていると思います。これは西暦708年、つまり奈良時代に入るちょっと前に発行された貨幣で、やはり純粋な銅ではなく、青銅でできています。このころの日本は大陸からの文化や技術を積極的に取り入れており、その後の奈良の大仏や数々の建築物等、世界をリードする技術が進んでいました。この「和銅開珎」も、新進の先進国としての日本の気概が感じられます。ただ平安時代に入って、遣唐使が廃止されることから、「鎖国」状態になり、貨幣の方も日本独自の貨幣は少なくなました。そしてついには、鎌倉時代あたりから大陸の「宋銭」などが用いられるようになりました。

さて、現在でも銅は重要な金属として活躍しています。最も用いられているのは「電線」としての利用でしょう。高圧線や家庭にくる電線も主に銅でできていますし、最近は半導体素子などの中の電気を運ぶ部分に銅が多く使われています。とにかく銅は、「電気をよく通す」という性質があります。なぜでしょうか？それは、銅が磁石にくっつかないこととも関係しています。ちょっと説明しましょう。

たびたび出してすみませんが、図14は銅原子の最も外側の電子の軌道です。d軌道（この場合は3d軌道）という電子の軌道が5個あり、そこに2個ずつ電子が入っていくということはすでに述べました。下の方から2個ずつ入っていきますから、全部で10個です。この5つの軌道が全部埋まっていないのが、「遷移金属」です。ところが銅の場合は、この5個の軌道に全部電子が入っているのです。そしてもう一つの電子が4sと書いた軌道に入ります。s軌道に1個の電子が入るというのは、ナトリウムやカリウムのようなアルカリ金属と同じです。アルカリ金属は「やわらかく電気を流しやすい」という性質があります。また磁石にはなりません。これは銅の性質と同じです。つまり「d 軌道に電子が全部詰まっていて、その上の s 軌道に 1 個電子がある」ということが、銅の性質を決めているのです。ちなみに、周期律表を見てみますと、銅の下が銀、銀の下が金になっていますが、この 3 つの金属の電子の配置はよく似ていて、やはり同じように「柔らかい」、「電気をよく通す」、「磁石にくっつかない」という共通の性質を持っています。

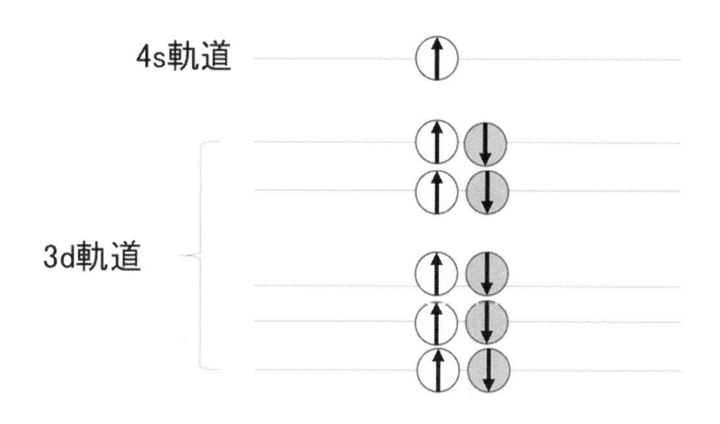

図 14　銅原子の外側の電子軌道

Dy　ディスプロシウム
── 難読元素 ──

66 Dy

難読元素がやってきました。「Dy」です。何と読むのでしょうか？正解はすでに上に書いてありますが、「ディスプロシウム」です。「ジスプロシウム」と書く場合もありますが、英語は「dysprosium」なので、「ディスプロシウム」がいいでしょう。

昔、大学の化学の試験に「周期律表を書け」というのがありました。いざ書けと言われると、100個もある元素を正しい位置に書くのは化学を専攻している学生でも難しいでしょう。ただ、「周期律表の元素記号を読め」ならできそうな気がします。ところが、これも案外難しいのです。「Ru」と「Lu」は読めるでしょうか？正解は「ルテニウム」と「ルテチウム」です。「Y」と「Yb」も紛らわしいですね。正解は「イットリウム」と「イッテルビウム」です。そんな難読元素の王様が、「Dy」です。文系の人で、これが読めたら、相当な「元素通」です。

さて、この「ディスプロシウム」という名前は、金属として取り出すことが難しいことから、ギリシャ語の「取り出すことが難しい」といった意味の、「dysprositos」から来ました。ディスプロシウムはセリウムのところで説明したランタノイド（希土類、レアアース）の仲間です。名前が知られていない割には、地殻の中の存在量は希土類の中では多い方です。ただ、私たちの身の回りで使われている例はそれほど多くはありません。一番多いのは、光磁気ディスクと呼ばれているコンピュータのメモリでしょう。また、強力な磁石である「ネオジム磁石」に添加する材料としても使われています。この磁石は、電気自動車などで強力な磁場が必要な時に使われています。とくに、ネオジム磁石の高温での安定性を高める目的で、ディスプロシウムが添加されています。

2013年に、中国がレアアースの輸出を制限し、国際問題となりました。この時は、とくにディスプロシウムの価格が急上昇し、大騒ぎになりました。実際その時は、世界のディスプロシウムの99%が、中国で生産されていました。このころは日中関係がぎくしゃくしていたので、日本への影響も懸念されました。しかしもともとその前から、日本は希土類を使わない材料の開発を進めていましたし、希土類を回収してリサイクルしたり、海洋からレアアースを採るなど、さまざまな技術開発が行われていました。そういうこともあり、現在は中国のレアアース輸出制限はそれほど問題になっていません。とくに、先ほど述べた自動車に使うネオジム磁石に添加する目的で使われるディスプロシウムは、技術開発によってかなり減っているので、影響は少ないようです。

そうはいっても、ディスプロシウムは資源としては生産量に限りがあるので、どうしても必要な場合は困りますし、輸入に頼ると戦略物質として使われる可能性もあります。そこで、ディスプロシウムを採取するおもしろいアイディアがあります。それは、原発の核分裂で生成したディスプロシウムを、資源として使う方法です。ウランが核分裂を起こすと、質量数が大きいものと、小さいものの２種類の山に分かれることを以前述べました。この大きい方の山に、一連の希土類元素があります。つまり希土類元素は、核分裂生成物の中に結構たくさんあります。ふつうは核分裂生成物と言うと、放射能が強くてとても材料として使えたものではありません。しかし中には、放射能を持たない安全な元素も含まれています。そういう放射能を持たない元素だけを集めて、それを材料として使おうというアイディアです。まさに現代の「錬金術」です。ただ、福島第一原子力発電所の事故以来、原発自体が問題となっているので、実際に実現するかどうかはわかりませんが、もしかすると新たな資源となるかもしれません。

Er　エルビウム
――鮮やかな色――

68 Er

ディスプロシウムの次は、エルビウムと、希土類が続きます。この「Er」も、難読元素に入るかもしれません。一般的にはあまり知られておらず、読める人が少ないと思います。

エルビウムは、ガラスに色を付けるのに使われています。ガラスの中に、エルビウムのイオンを少しだけ入れることにより、鮮やかなピンク色になります。かつて1970年代、カラーテレビが初めて売り出された頃、「キドカラー」という商品がヒットしました。この「キドカラー」の「キド」というのは、明るいという意味の「輝度」ですが、実は材料として使われていた「希土類」の「キド」をかけています。実際に使われていた希土類元素は、ユーロピウム（Eu）

やテルビウム（Tb）です。これらの酸化物をブラウン管の裏に塗って、鮮やかな色を出すことを売り物にしていました。今では液晶テレビがほとんどで、ブラウン管自体がなくなってきました。ところで、なぜ「希土類」の化合物があると、鮮やかな色が出るのでしょうか？

再度、電子の軌道の絵を図15に出しました。希土類元素というのは、この図の4f軌道に2つずつ入っていきます。ところが、その上にすでに6s軌道というのがあって、そこに2つ電子が入っています（5d軌道にひとつ電子が入る元素もある）。ですから、化学的な性質を決める一番外側の軌道の電子の数が同じなので、性質はよく似ています。内側の4f軌道は化学的な性質にはあまり寄与しません。ただ、光の吸収や発光には関係します。この図で4f軌道にある電子が、何かの拍子に上の軌道に押し上げられると、その電子は不安定で、元の軌道に戻ろうとします。その時、2つの軌道のエネルギーの差に相当する光を放出します（正確にいうと、実際の色は、電子が上の軌道に押し上げられるときに吸収された光の色の補色をみていることになります）。この2つの4f軌道のエネルギー差が、ちょうど私たちが目にする光（虹の七色と言ってもいいでしょう）と同じくらいのエネルギーを持っているため、希土類元素は美しい色を発します。これは3d遷移金属のときにした説明と同じです。3d軌道は5個でしたが、4f軌道は7個あるので、非常に多くの種類の色を出すことができます。実際は、この4f軌道のエネルギーを、化合物を作ったりして調節することにより、様々な色を出しています。

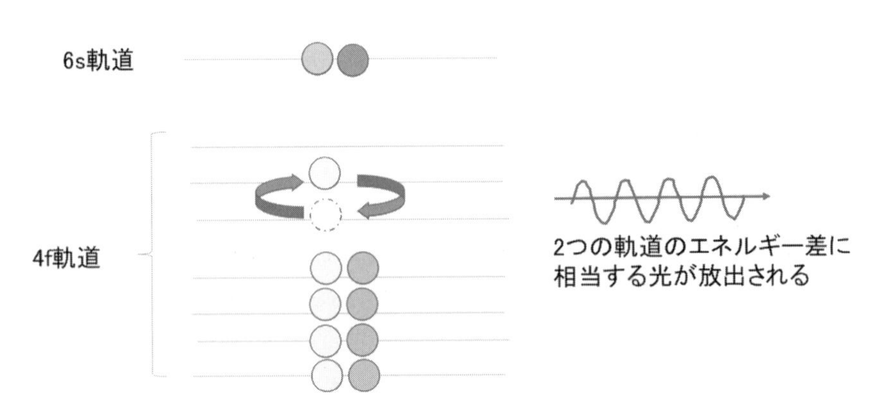

図15　希土類原子の外側の電子軌道

エルビウムは、単にガラスに色を付けるだけでなく、最近は光ファイバーに添加することにより、光の信号を増幅させるのに使われています。また、医療用にも使われています。歯医者さんで「エルビウムレーザー治療」というのを受けたことがある人がいるかもしれません。このレーザーに使われている光は、ちょうど図15で説明した4f軌道のエネルギー差になっています。実際はガラスのような物質（YAGと呼ばれる）にエルビウムイオンを混ぜてレーザー光を出します。

歯のエルビウムレーザー治療は、痛みを感じないように歯を削るために使われています。ではなぜエルビウムレーザーで、このような歯の治療ができるのでしょうか？ごく簡単に説明しましょう。

エルビウムレーザーの出している光は赤外線です。普通の赤外線は、「赤外線こたつ」や「遠赤外ヒーター」などからわかるように、物を加熱するときに使います。しかしランプから出る赤外線というのは、四方八方に広がっています。ですから歯に赤外線を照射すると、口の中全体が熱くなってしまいます。レーザーはまっすぐに飛んでいきますから、歯の治療部分だけに照射することができます。もう一つ重要なことは、「加熱して削る」のではないということです。いかに歯といえども、溶けるくらい高温にすると痛いでしょう。ところが、レーザーを物に照射すると、温度が上昇する速度より先に分子が動き出し、ついに物が削られてしまいます。こういう現象を「アブレーション」とも言います。物を溶かすことなく削るという、新しい加工法として、様々な分野で使われ始めている先端技術です。

Eu　ユーロピウム
──地名に由来する元素──

63 Eu

2012 年のノーベル平和賞は、EU に贈られました。EU がヨーロッパだけでなく世界の平和に貢献したということでしょうが、実際にはヨーロッパにも紛争が続いていて、この受賞に疑問を呈する人も多くいました。また、この原稿を書いている時に、イギリスが国民投票で EU 離脱を決定したというニュースが飛びこんできました。ただ、通貨も統一して国と国との国境をなくしていこうという新しい共同体の概念を提示したことは、やはりヨーロッパは世界の先端を行っています。現在のアジアの状況を考えると、「国境をなくして通貨を統一する」などということは、遠い遠い先のことに思えてしまいます。アジア共同体（AU?）ができる日は来るのでしょうか？

いきなり元素とは関係のない話をしてしまいました。その EU と同じスペルの元素が「ユーロピウム」(Eu) です。日本語では「ユウロピウム」または「ユーロピウム」とも書きます。元素の名前の由来も、もちろん「ヨーロッパ」(Europa) に基づいています。

ところで、地名に由来する元素はたくさんあります。「国名」に限っても、「ゲルマニウム（Ge）」（ドイツ）、「フランシウム（Fr）」（フランス）、「ポロニウム（Po）」（ポーランド）、「ガリウム（Ga）」（フランスの古い呼び方の“ガリア”に基づく）があり、さらに人工元素の「アメリシウム（Am）」（アメリカ）があります。もう少し広い地域ですと、「スカンジウム（Sc）」（スカンジナビア半島に由来）があります。それにしても「ユーロピウム」とは、広い地域の名前を付けたものです。

ユーロピウムはフランスのウジェーヌ・ドマルセー（1852-1904）という人が 1901 年に発見しました。希土類元素は、お互いに化学的な性質が似ているため、なかなか分離して取り出すことが難しいのですが、ドマルセーはサマリウムの化合物からユーロピウムを単離することに成功しました。ユーロピウムを確認するのは、光の吸収や発光を見る方法です。この分光学的な方法は、多くの元素の発見に貢献しています。ちなみにドマルセーは、キュリー夫妻の発見したポロニウムについても、分光学的な研究を手伝っています。

ところでユーロピウムは1901年に発見されたと書きましたが、元素の発見の歴史においては、これはかなり遅い方です。このころにはすでにほとんどの元素は発見されています。しかも、ラジウム、ポロニウム、ラドンといった放射性元素もすでに発見されています。ユーロピウムより後に発見された元素としては、ルテチウム（Lu）、ハフニウム（Hf）、レニウム（Re）といったかなりマイナーな元素か、放射性元素、特に人工的に作られたウランより重い放射性元素くらいです。やはりユーロピウムは特に分離が難しかったのでしょう。1901年と言えば20世紀最初の年で、この年からノーベル賞が始まっていて、レントゲンが第1回の物理学賞を受賞した年です。新しい世紀を記念して「ユーロピウム」と大きな名前を付けたのかもしれません。

ユーロピウムの応用について少し触れましょう。ユーロピウムは希土類の仲間なので、前回お話しした通り、「色」に関係した応用がいくつかあります。カラーテレビのブラウン管の裏側に塗る蛍光剤として使われていたのは、エルビウムのところで述べました。

ユーロピウムをガラスのような物質に添加したものは、黄色く発光します。この黄色というのは、青色の反対の色、つまり「補色」です。ちなみに2014年のノーベル物理学賞は、青色発光ダイオードを発明した3人の日本人に与えられて話題になりました。この青色発光ダイオードの青色と、ユーロピウムを添加したガラスの黄色は補色になっています。補色というのは、2つ重ねると白になります。ですから、青色発光ダイオードとユーロピウムを添加したガラスの2つを使うと白色の発光ダイオードになるので、現在多くの研究開発が行われています。

F フッ素
――もっともマイナスになりやすい元素――

9 F

フッ素入りの歯磨き粉というのを使っている方もいると思います。フッ素入りの歯磨き粉を使うと、虫歯になりにくいとのことです。ただ、フッ素入りの歯磨き粉というのは、最近は少なくなりました。それというのも、フッ素が本当に虫歯を防ぐ効果があるのかということについて、いまだに論争があるからです。また、フッ素が体内に取り込まれると有害だといわれていて、安全性についても疑問視する向きもあります。

フッ素と言えば、家庭のフライパンなどに「フッ素加工」というのがあります。これは金属の表面にフッ素を含む樹脂をくっつけて、焦げ付きにくくするものです。この樹脂は、アメリカの化学会社であるデュポン社の商品名で「テフロン」とよばれていることから、「テフロン加工」ともいいます。ただ、テフロンでできたものを、火で直接加熱するというのは、ちょっと不思議です。というのは、テフロンは一応「酸や高温に耐える有機物のポリマー」ということになっていますが、あくまで有機物なので、あまり高い温度にすると溶けてしまいます。テフロンが使えるのはせいぜい200℃くらいまでで、300℃にするとテフロンは溶けてしまいます。ですから、料理で加熱するだけならいいのですが、空炊きをして高温になるとフッ素が取れて有害になる可能性があるので、テフロン加工の安全性に関しては現在でも議論があります。
実際、フッ素というのは、フッ素ガス（F_2）の形になると有害です。かつては「毒ガス」として使われたこともあります。サリンなどの猛毒ガスにも、フッ素が含まれています。

このように有毒のイメージもあるフッ素ですが、毒があるのは今述べたフッ素ガスや、特殊な有機分子です。大抵の場合は、フッ素原子はマイナスイオン（F^-）になっていて、ナトリウム、カリウムなどのアルカリ金属や、マグネシウム、カルシウムといったアルカリ土類金属と安定な化合物を作ります。それというのも、フッ素原子は、すべての原子の中で、もっともマイナスイオンになりやすい原子だからです。

周期律表を見てください。おおざっぱに言って、右に行くほど、そして上に行くほどマイナスイオンになりやすくなります（ただし一番右側の列は希ガス原子と言って、安定なので除きます）。一番右上の原子がフッ素ですから、すべての原子の中で最もマイナスイオンになりやすいわけです。ちなみに、逆に左に行くほど、そして下に行くほどプラスイオンになりやすくなります。ですから、フッ素とアルカリ金属、アルカリ土類金属の化合物は極めて安定で、天然にも多く存在します。一番多く天然にあるのはフッ化カルシウム（CaF_2）という化合物です。この化合物は「蛍石（ほたるいし）」という鉱物の主要な成分です。「蛍石」とは、ロマンチックでいい名前ですね。英語で蛍石は「fluorite」といいますが、これは蛍（firefly）とは関係ありません。「蛍石」は訓読みなので、大和言葉ですから、これを名付けたのは日本人でしょう。なかなか味のあるいいネーミングです。

純粋なフッ化カルシウムは無色ですが、天然に存在する蛍石は、不純物が入っているので、様々な色を持っています。「蛍石」と呼ばれているのは、加熱すると、蛍のように光を出すからです。加熱する以外にも、紫外線を照射したりしても光を出します。こういった現象を、化学の世界では、「蛍光」（fluorescence）といいます。この言葉も、最初に蛍石と命名したことから、それが変化したものです。ただ、ほんとうの蛍の光は、加熱や光照射ではなく、化学物質が反応することによってエネルギーを得て輝くので、発光のメカニズムはちょっと違いますが、光が出ることは一緒です。

Fe　鉄
―まかねふく―

26 Fe

古今集に、「まかねふく　吉備の中山　帯にせる　ほそたに川の　音のさやけさ」という歌があります。これは平安時代（西暦830年頃）の歌で、仁明天皇の即位のお祝い（大嘗会）に際して読まれた歌で、吉備の国（現在の岡山県あたり）の自然の美しさを歌っています。もっとも古今集にある歌は、かなり万葉集からとった歌が多いので、元の歌はもっと古い時代からあると思われます。この歌の最初にある「まかねふく」というのは直接歌の内容とは関係がなく、枕詞（まくらことば）と呼ばれるものです。「まかねふく」というのは、「吉備」という言葉を修飾する枕詞です。しかし枕詞というのは、全く意味がないことはありません。「まかねふく」の“まかね”は「真金」と書きますが、鉄のことです。鉄の古い呼び方としては「黒金」（くろがね）が知られていますが、真金とも言われていました。吉備には古くから渡来人の製鉄職人が多く住んでいて、優れた鉄を作っていました。これらの鉄は、主に刀などの武器に使われたと思われます。この技術が独自に発達し、その後、優れた日本刀になりました。渡来人による製鉄が始まったのは、弥生時代の後期と考えられます。
世界的には、製鉄の歴史は古く、人類で最初に鉄器を使ったのは紀元前18世紀ころのヒッタイトだといわれています。ただ、それ以前にも、鉄が使われていたという説もあります。それは、製鉄をしなくても、隕石の中に大量の鉄が含まれているからです。隕石を発見した人が、その硬さに驚いて武器として使ったということは大いにあり得そうです。

さて当然ながら鉄は「硬い」という性質を持っていますから武器として使われました。ですから鉄は強者のシンボルとして使われました。古代でも剣（刀）というのは、王のシンボルでした。現在の天皇家に伝わる三種の神器のひとつも「草薙の剣」です（ただ、本物の草薙の剣は、名古屋の熱田神宮にあるといわれています）。

ところが、鉄にも弱点があります。もちろんそれは「さびやすい」ということです。先ほどのヒッタイトの例もそうですが、鉄器文化の遺跡を発掘しようとしても、たいていの鉄はさびてボロボロになるか、朽ち果ててなくなっています。ですから鉄器文化というのは、銅に比べてあまりよくわかっていません。日本の歴史も、「銅鐸」や「銅剣」のような銅の文化はよく調べられていて、教科書にも詳しく出ていますが、鉄器文化の方はあまり載っていません。しかしもしかすると、優れた鉄器文化が古代日本にあり、それが発掘されていないだけかもしれません。

ところで、鉄はなぜさびやすいのでしょうか？以前、アルミニウムとクロムのところで、これらの金属が「さびやすいからさびない」という話をしました。アルミニウムやクロムは極めて酸化しやすく、表面に均一できれいな酸化膜ができて、それが内部への酸化反応の進行を阻止するために見かけ上、さびないようにみえるだけだと説明しました。たしかに鉄は、アルミニウムやクロムより酸素との反応性は低いことが知られています。実際に比べてみましょう。

ちょっと専門用語が出てきますがお付き合いください。元素Aと元素Bの2つの元素からなる化合物A-Bが「できやすいか？、できにくいか？」ということを比べるのは、「ギブスの標準生成自由エネルギー」というのを比べるのが手っ取り早い方法です。これは普通の状態（温度は25度、1気圧）で、元素Aと元素Bが反応してA-Bができるときのエネルギー変化で、この値が小さいほどできやすいのです。図16におおよそのグラフを書きました。3分の1という値が書いてあるのは、すべて酸素の数でそろえているからです。これによると、温度が高いほど分解しやすい、つまり金属と酸素がバラバラになりやすいことがわかります。金属

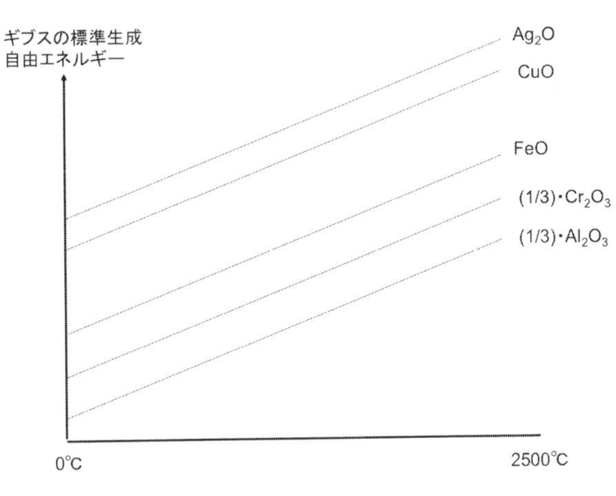

図16　種々の酸化物のギブスの標準生成自由エネルギーの温度変化

どうしを比べると、銀→銅→鉄→クロム→アルミニウムの順になっています。つまり鉄はクロムやアルミニウムより酸化しにくいということになります。

ところが現実には、鉄が圧倒的にさびやすいのはご存じのとおりです。ますます不思議です。鉄がさびやすい理由に関しては、金属の専門家がいろいろと研究してきましてが、完全にはわかっていません。ただいえることは、「不純物があると、そこを出発点として、どんどんさびが広がっていく」ということです。公園のベンチや船の外側などボロボロにさびた鉄を見ると、なにやら模様になってさびているのを見たことがあると思います。時としては、花が咲いたようなきれいな模様がみられることもあります。鉄の酸化物というのは複雑で、鉄の原子価が２価の FeO（ウスタイト）、３価の Fe_2O_3（いわゆる赤さびで、ヘマタイトなどが代表的）があるだけでなく、２価と３価が混ざった Fe_3O_4（いわゆる黒さびで、磁鉄鉱のこと）という酸化物もあります。さらにこれらの中間の組成のものや、不安定な状態のものなど、いろいろあります。さて、不純物のところで鉄が酸化して、鉄の酸化物が一つできたとします。これがたとえば Fe_2O_3 だとすると、これが隣の鉄にアタックして酸化します。つまり触媒のようになって、次々と隣の鉄をいろいろな酸化物に変えていきます。つまり鉄の酸化物の自己増殖です。いずれにしても、不純物のところに最初にできた酸化物が引き金となって、次々と花が咲いたようにさびができていきます。

ということは、感のいい人は「不純物が全くなければさびないのではないか？」ということを考えつくでしょう。その通りです。実はこのような研究はすでに行われています。東北大学が世界最高の高純度鉄を作ったとして話題になりました。この鉄は99.9996％という、ものすごい純度を持っています。これだけ高純度になると、確かにさびないうえ、塩酸のような酸にも解けない優れた性質を持っています。しかもこの超高純度の鉄は、アルミニウムより柔らかいという、不思議な性質を持っています。鉄の硬さを担っているのは、実は少しだけ入っている不純物、特に炭素なのです。

最後に、鉄というのは、実は地球に一番多くある元素であるということをご存知でしょうか？一番多いといっても、ほとんどは地球の中心の「核」と言われているところにあります。表面の地殻に限ってみても、４番目に多い元素です。地球に磁場がある理由は完全に解明されていませんが、地球の中心にある鉄が関与していることは確かでしょう。

Fr　フランシウム
――フランスがかろうじて面目を保つ――

87 Fr

今回取り上げる「フランシウム（Fr）」は、フランスという国名に基づいていますが､元素としてはあまり有名でないのは不思議です。フランスといえば、18 世紀から 19 世紀にかけては科学の最先端国です。このような科学大国なのに、フランスにちなんだ元素として、あまりなじみのない「フランシウム」を選んだのはちょっと意外です。その理由は、フランシウム発見の歴史にあります。

フランシウムが正式に元素として認められたのは、戦後の 1949 年のことです。これは元素の発見の歴史としては、人工の放射性元素を除くと、最も遅い方です。実はフランシウムは天然において発見された最後の元素です。しかもフランシウムの前に発見された元素は、1925 年に発見されたレニウムですから、いかにフランシウムの発見が遅かったかがわかります。フランシウムは、元素の数が極めて少ないために分析が難しく、元素として認められるまでは、紆余曲折がありました。

周期律表を見ると、フランシウムはセシウムの下ですから、古くから（1870 年代）セシウムの下に原子番号 87 の元素があると考えられていて、「エカセシウム」と名付けられていました。1920 年代に、当時のソビエトの化学者が、エカセシウムを発見したとして、「ロシア」にちなんで「ラッシウム（Russium）」と名付けました。しかしこれは誤りであることがわかり、取り消されました。同じころ、今度はイギリスの化学者がエカセシウムを発見したと発表し、それが最も重いアルカリ金属元素であることから「アルカリニウム（alkalinium）」と名付けました。しかしこれも間違いでした。さらにアメリカの化学者がヴァージニア州から名前をとって「ヴァージニウム（virginium）」と名付けましたが、これまた誤りでした。元素の名前というのは、国のプライドをかけての争いがあったわけです。その後も、いろいろな名前が提案されたのですが、結局1949年になって、はじめてフランシウムという名前が国際的に認められました。これはフランシウムの存在を確実に証明したフランスのパリにあるキュリー研究所にちなんでつけられたものです。何とかフランスが科学先進国としての面目を保った形です。フランスとしては自国の名前にちなんだ元素として、ずいぶんマイナーな元素に甘んじたものです。ただ、その前に「ガリウム」（フランスの古い呼び名の「ガリア」に基づく）がありましたから、まあフランスも満足したのでしょう。

さて、フランシウムは周期律表の一番左下にあります。前述したとおり、元素の数が極めて少ないうえに、すべてのフランシウムが放射性なので、フランシウムの物理的、化学的性質は現在でもよくわかっていませんが、セシウムに似ていることは予想できます。

セシウムのところで、周期律表の左下に行くほどプラスイオンになりやすいと述べました。ですから、フランシウムが全元素の中で一番プラスになりやすいと思われます。しかし実際は、セシウムのほうが、ややプラスになりやすいといわれています。原子が大きくなると、電子の軌道が入り組んできて、周期律表の位置だけで元素の性質を単純に決められなくなります。

Ga ガリウム
―青色 LED―

31Ga

偶然にもフランスにちなんだ名前の元素が続きます。フランシウム（Fr）の次はガリウム（Ga）です。ガリウムは「ガリア」にちなんだ名前ですが、ガリアというのはフランスあたりの部族の名前で、ここを征服したローマ人たちは、フランスあたりのことを「ガリア」と呼んでいました。ジュリアス・シーザーがこの地方のことを克明に記録した「ガリア戦記」を書いたことでも有名です。

さて、2014 年のノーベル物理学賞は 3 人の日本人が受賞し、大いに話題になりました。受賞理由は「青色 LED の発明」です。この青色 LED に使われているのが、窒化ガリウム（GaN）という、ガリウムと窒素の化合物です。実は、青色 LED の開発が始まったころ、多くの研究者が取り組んでいたのは主に、セレン化亜鉛（ZnSe）という化合物でした。窒化ガリウムを研究している人はほとんどいなかったのです。ところで、なぜ窒化ガリウムやセレン化亜鉛が青色 LED に適しているのでしょうか？これには少々説明が必要です。ちょっと整理してみましょう。

図 17 は周期律表の一部を拡大したものです。上の覧に左側から II、III、IV、V、VI と書いてあるのは、「族」といって、いわば縦の列のグループ分けです。同じ族にある元素は、外側の軌道の電子の数が同じで、似た性質を持つといっていいでしょう。真ん中の IV 族にある炭素やケイ素は最も外側の電子の軌道に 4 つ電子

II	III	IV	V	VI
	B	C	N	
	Al	Si	P	
Zn	Ga	Ge	As	Se
Cd	In	Sn	Sb	Te

図 17　周期律表の一部

があります。外側の軌道の電子は8個で安定しますから、ちょうどその半分です。ですから炭素やケイ素は電気的に「中性」に近いといえるでしょう。これより左側は電子が取れてプラスイオンになりやすく、右側は電子がくっついてマイナスイオンになりやすいわけです。

III族の原子は電子が3つ取れてプラス三価、V族の原子は電子が3つくっついてマイナス三価になるので、III族の原子とV族の原子が「がっちりと握手する」ことにより安定な化合物ができます。これをIII-V族化合物と呼びます。同じように、II族の原子はプラス二価、VI族の原子はマイナス二価になるので、II族の原子とVI族の原子からなる化合物も安定で、これをII-VI族化合物と言います。実はこれらの、III-V族化合物やII-VI族化合物の多くは半導体となることが知られています。そういえば、真ん中のシリコンは半導体です。いったい何が「半導体」になるかを決めているのでしょうか？ここまでくると、以前示した図がまた役立ちそうです。

図18は半導体の中の電子の様子を表したものです。価電子帯にある白丸の電子が刺激を受けて「伝導帯」に入ると、その電子は不安定なので、またもとの「価電子帯」に戻ろうとします。そして戻るときに、その一部が光として放出されます。その光のエネルギーは、先ほど述べたバンドギャップとほぼ一致します。窒化ガリウムのバンドギャップは3.4 Vです。このエネルギーが光の色と対応します。ただし、3.4 eVというのは実は「青色」ではなく、もっとエネルギーが高い（波長が短い）紫外線の領域です。ですから、実際は窒化ガリウムにインジウムのような「まぜもの」を入れて青色にしています。

そこで、先ほどの疑問の「なぜ窒化ガリウムが青色LEDに適しているのか？」に戻りましょう。表1は、III-V族化合物のバンドギャップを示したものです。単位は電気で使う「ボルト」ですが、1つの電子についていうとき

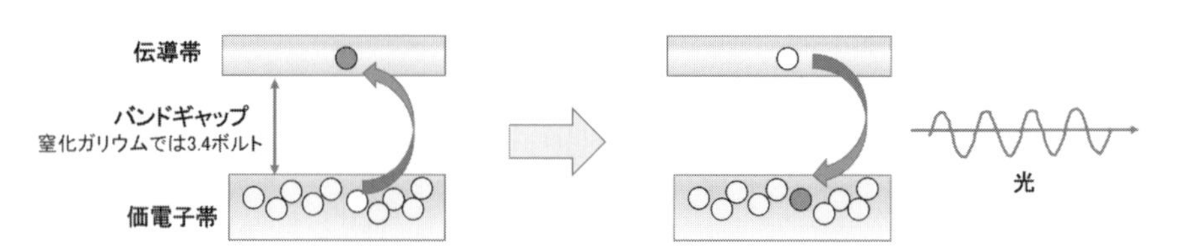

図18　半導体の中にある電子の様子

は「エレクトロンボルト（eV）」といいます。ついでに、IV族の炭素（ダイヤモンド）、ケイ素（シリコン）、ゲルマニウムのバンドギャップも書きました。価電子帯の電子が伝導帯に入ると、ここに書いたエネルギーの光を出します（ただし、他の条件があり、実際にはケイ素などは光をほとんど出しません）。人間の目に見える光は、おおよそ1.6～3.3eVくらいの範囲ですから、ガリウムのバンドギャップに相当するエネルギーだけが、目に見える光です。

元素、化合物名	元素、化合物記号	バンドギャップ（eV）	
インジウムアンチモン	InSb	0.17 eV	III-V族
インジウムヒ素	InAs	0.35 eV	III-V族
ゲルマニウム	Ge	0.67 eV	IV族
窒化インジウム	InN	0.7 eV	III-V族
ケイ素	Si	1.11 eV	IV族
ガリウムヒ素	GaAs	1.43 eV	III-V族
ガリウムリン	GaP	2.26 eV	III-V族
窒化ガリウム	GaN	3.4 eV	III-V族
ダイアモンド	C	5.5 eV	IV族
窒化ホウ素	BN	～6 eV	III-V族
窒化アルミニウム	AlN	6.3e V	III-V族

表1　III-V 族化合物及び IV 族元素のバンドギャップ

この表と図17の周期律表を比べると面白いことに気づきます。それは、「軽い元素どうしの化合物はバンドギャップが大きく、重い元素どうしの化合物はバンドギャップが小さい」ということです。たとえば、ホウ素と窒素という最も軽い元素からなるIII-V族化合物の窒化ホウ素（BN）は、バンドギャップが6 eVもあります。これは紫外線でも特にエネルギーが高く、空気中では酸素にぶつかって止まってしまうため「真空紫外光」と呼ばれています。一方、最も重い元素からなるインジウムアンチモン（InSb）のバンドギャップは0.17 eVしかなく、これは赤外線になります。

以前も述べましたが、原子が軽い時は、価電子帯の軌道というのは、とびとびのエネルギーを持っていますが、原子が重くなると、価電子帯の軌道のエネルギーがたくさんあって、時には重なってしまいます。ですから2つの原子でできた軌道も、複雑になり、下の軌道と上の軌道のエネルギー差、すなわちバンドギャップも小さくなります。この図から、窒化ガリウムの3.4 eVというバンドギャップは、青に近い紫外線領域にあり、ちょうどよい大きさだといえます。青い光よりちょっとだけエネルギーが高いので、少し混ぜ物をすれば青い光が得られるわけです。

元素としてのガリウムは、金属ですが、融点が30度くらいなので、ちょっと温度が上がると溶けてしまいます。ですから材料としてはあまり使われていません。

Gd ガドリニウム ——強力な磁石——

64 Gd

ガドリニウムは希土類（ランタノイド）元素です。希土類は、これまでにもいくつか出てきました。ランタノイドは、ランタン（La）からルテチウム（Lu）までの15個の元素です。ちょっと周期律表を見てください。ランタンを除いた14個の元素が、別の覧に書いてあります。この14個というのが重要です。以前説明した通り、ランタノイド元素の場合、4f軌道というのが7個あって、それぞれの軌道に2個ずつの電子が入ることができます。そしてその外側に、5d軌道、6s軌道があり、3つの電子（あるいは2つの電子）が入っています。

ガドリニウムの電子配置を図19に書きました。

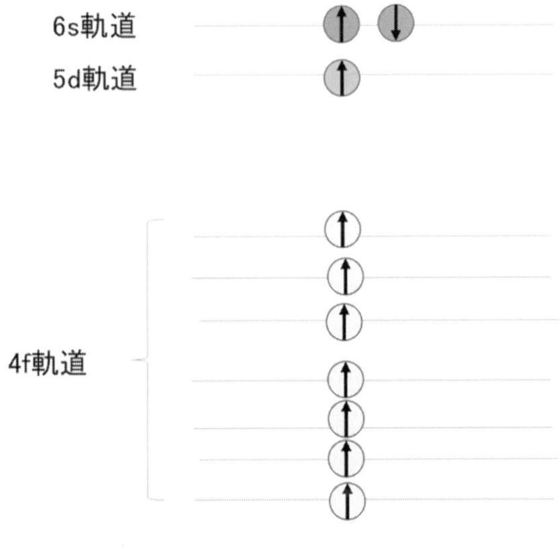

図19　ガドリニウムの電子配置

この7個の4f軌道が全部詰まると2×7=14個ですから、周期律表に14個の元素が書いてあります。ランタノイドの一番最初の元素はランタン(La)(これは「ランタノイド」の名前のもとになっています)は、4f軌道の電子が0なので、枠外に書いてあります。そこから4f電子がひとつずつ増え、セリウム(Ce)が4f電子1個、プラセオジム(Pr)が4f電子2個というように増えていきます(ただ正確にいうと、時々必ずしもこの規則が成り立たないこともあります)。

さて、今回のガドリニウム(Gd)を見てみましょう。周期律表のランタノイドのところを見ると、ガドリニウムは14個のランタノイドの7番目、つまりちょうど真ん中にあります。実はこの「真ん中にある」というのが重要です。先ほど「4f軌道が7個あり、それぞれの軌道に2個ずつ電子が入ることができる」と書きました。図19を見ると、7個の4f軌道にちょうど1個ずつ入っています。この「7個の4f軌道に1個ずつ電子が入っている」という状態は、極めて安定です。ということは、その上にある1個の5d電子と、2個の6s電子が取れて、プラス3価が安定ということになります。実際、ガドリニウムはプラス3価のイオンが極めて安定な元素です。また、4f軌道間の電子の移動が「色」に関係していることから、ガドリニウムは当然ながら、そのような電子の移動がありません。ですからガドリニウムのイオンは全く色がなく、無色透明です。

もうひとつ図19で重要な点は、電子に書いてある矢印が同じ向きを向いているということです。この矢印は、電子の回転方向を表していますが「スピン」と言って、磁石の性質に関係していることはすでに述べました。磁石に関係している電子が7個もあるので、ガドリニウムの化合物は、非常に強い磁石として性質を持っています。

病院の検査で「MRI」というのを撮ったことがある人がいると思います。MRIというのは、体内にある非常に弱い磁石としての性質を利用して、体の内部を撮影する装置です。ふつうは体内の磁石としての性質は非常に小さいので、よく映すために「造影剤」という磁石としての性質が大きい薬品を体内に注入します。ただ、あまりたくさんの薬品を投入すると副作用があります。そこで少量で磁石としての効果が大きい造影剤がいつくか開発されています。その中のひとつがガドリニウムの化合物です。これは上で述べた4f軌道に1つずつある7個の電子の大きな「スピン」を利用しているわけです。

もうひとつ、ガドリニウムの強い磁石としての性質は、冷蔵庫の冷凍にも使われています。以前の冷蔵庫はフロンガスなどが使われていました。しかしフロンがオゾン層を破壊するということで規制され、フロンを使わない別の方式で冷やす冷蔵庫が色々と開発されました。その中のひとつがガドリニウムのような磁石を使ったものです。図19に示したのは理想的な配置で、実際の電子のスピンは、これほどきれいにそろってはいません。ところが磁場をかけることによってきれいにそろいます。そうするとガドリニウムの電子は全体として非常に秩序の高い状態になり熱を出します。その熱をうまく使って熱のサイクルを組み、冷凍するという仕組みです。ガドリニウムの大きな磁石としての性質は、その他にも色々と応用が期待されていますが、それらの性質のほとんどは、「4f軌道に半分電子がつまっている」というガドリニウムの特殊な性質を使っています。

Ge　ゲルマニウム
──温浴効果は？──

32Ge

昔は「ゲルマニウムラジオ」と言いうのがありました。これは「鉱石ラジオ」と呼ばれているものの一種で、電池がいらない簡単なラジオです。「子供の科学」という雑誌の付録にもついているくらい安くて簡単なもので、私も持っていました。10センチくらいの小さな箱ですが、イヤホーンで聞くと、「シャーシャー」という雑音に交じって、かすかにラジオの音を聞くことができました。電池がいらないので、これは現在でも災害などのときは役立ちそうです。このゲルマニウムラジオには、ゲルマニウム（Ge）が入っていて、ダイオードの働きをしています。これは固体の半導体素子の先駆けです。現在では、半導体素子と言えば、ほとんどがシリコンに置き換わっていて、ゲルマニウムはそれほど使われていません。

話は変わりますが、ゲルマニウムと言えば、「温浴効果」があるといわれていて、風呂などに使われています。血行の促進や、肩こりに効果があるといわれています。しかし、このようなゲルマニウムの温浴効果は、科学的に証明されたとはいえません。そもそもゲルマニウムは周期律表でケイ素（シリコン）と同じ列にあり、似たような化学的性質を持っていますから、空気中では酸素と化合して酸化物になっています。それがお湯に溶けたとしても、単にゲルマニウムと酸素がくっついたイオンになるだけで、肌に何か作用するとは考えられません。またゲルマニウムを飲み込んだら大変です。元素の多くは、ごく微量なら体にとって必要なのですが、ゲルマニウムというのはシリコンと同じように、体内に必要な元素かどうかということはわかっていません。全く消化しないので、大量に摂取すると害があることは間違いありません。実際、ゲルマニウムを栄養剤として摂取した人が死亡した例もあります。ゲルマニウムの酸化物は要するに「砂」のようなものです。化学的根拠の乏しいこういった宣伝は、結構最近規制がうるさくなってきましたが、いまだに「ゲルマニウム効果」という言葉はよく使われているようです。

ところで、英語で「ゲルマニウム」と言っても通じません。「ジャーメイニウム」と、「メイ」の部分を強く発音します。それもそのはずで、日本で「ゲルマニウム」と呼ぶのは、ドイツ語を採用しているからです。正確にいうと、ドイツのラテン語名「ゲルマニア」に基づいています。これはゲルマニウムを発見したのが、クレメンス・ヴィンクラー（1838-1904）というドイツ人だからです。実はゲルマニウムは、メンデレーエフが周期律表を発表した時、ケイ素の上にある元素、「エカ・ケイ素」としてすでに予言されていました。そして、メンデレーエフが予言した多くの元素の中で、最初に発見されたのが、このゲルマニウムです。以前、フランスにちなんだ元素として「フランシウム」について述べました。フランスが「フランシウム」のような無名の元素に甘んじているのに対し、ドイツにちなんだ「ゲルマニウム」は圧倒的に知名度が高いですね。

さて、ゲルマニウムの単体は、シリコンに置き換わったとはいえ、半導体としての優れた性質を持っています。それはバンドギャップが小さいということです。復習のため、ガリウムのところで示した77ページの表1を見てみましょう。ケイ素（Si）のバンドギャップが、1.1 eVですが、ゲルマニウム（Ge）のバンドギャップは0.67 eVしかありません。ゲルマニウムのバンドギャップがシリコンより小さいと、どういうメリットがあるのでしょうか？それは一言でいうと、「低い電圧で作動できる」ということです。半導体素子には、いろいろな電圧がかけられていますが、その電圧が低ければ、エネルギーの効率が良いわけです。その代り、低い電圧で作動させると、ちょっとしたことでも誤差を生じてしまいます。もともとバンドギャップが小さい物質というのは、融点が低く安定性に欠けるので、なかなかゲルマニウムを半導体素子として使うのは難しいことになります。現在のところ、やはり半導体素子はシリコンのほうがよく使われています。

もうひとつゲルマニウムの応用として、放射線の検出器があります。最近、原子力発電所の事故で、放射性セシウムが問題となっていますが、このセシウムから放出されるガンマ線を検出するのに、「ゲルマニウム検出器」が使われています。放射線を測定するとき、普通は「サーベイメーター」という測定器を使います。しかしこれだと、放射線全体の量はわかりますが、それがいったい何の放射線なのかはわかりません。実は原発事故による汚染以外にも、天然の放射線はあります。カリウム40という自然の放射線は環境や体内にたくさんありますし、地面からも土や岩石にある天然の放射性物質から放射線がでています。さらには空からも宇宙線と呼ばれる放射線が飛んできています。こういった放射線を区別するためには、放射線のエネルギーを分けて測る必要があります。ゲルマニウム検出器というのは、ガンマ線のエネルギーを非常に精度よく分離することができる検出器です。原理を簡単にいうと、半導体のゲルマニウムに放射線が入ったとき、そのエネルギーに比例した量の電子が生成するので、その電子の数を測定することによって、放射線のエネルギーを測定します。これによって、原発で汚染した放射能と、自然にある放射能を区別することができます。

H　水素
――変人「キャベンディッシュ」――

水素は最も軽い元素です。宇宙に最も多い元素も水素です。水素について語り始めたら、何冊かの本になりそうです。なるべく簡単にしましょう。

水素というのは、「水の素（もと）」と書きます。これはまさに正確な訳と言っていいでしょう。英語の「hydrogen」の「hydro」はギリシャ語で「水」のことです。「gen」というのは、あるものを作る「もと」のことです。ですから文字通り「水の素」が正確な訳になります。ドイツ語でも、水素のことを「Wasserstoff」（ヴァッサーシュトッフ）といいます。英語とずいぶん違うような感じですが、これも「Wasser」が水で、「Stoff」が素になるものという意味なので、同じです。ちなみに、英語もドイツ語も、「酸素」は「酸をつくる素」、「窒素」は「硝石をつくる素」になっています（ドイツ語には、「窒息させる素」という意味もある。窒素の項参照）。水素や酸素のような漢字の科学用語は、明治時代に数多く作られましたが、それにしても昔の人はうまい訳語を作ったものですね。中国も、明治時代に日本で作った漢字の科学用語を多く採用しています。「化学」、「物理」といった用語も和製熟語で、現在の中国でも使われています。ところが、元素名に限っては、中国は独自のものを使っています。すべての元素を漢字1文字で表すという考えで統一しているからです。水素は「氢」と書きます。気体の「気」の字の中の「メ」の部分が、気体によっていろいろと変わるところが面白いですね。ちなみに、金属元素はすべて「金」という字が左にある「金偏（金偏）」になっています。

さて前置きはこのくらいにして、水素を発見したのは、ヘンリー・キャベンディッシュ（1731-1810）というイギリスの化学者です。キャベンディッシュは、あまり知名度は高くないのですが、イギリスのケンブリッジ大学にある物理学の研究所「キャベンディッシュ研究所」に、その名を残している大科学者です。キャベンディッシュ研究所は、マックスウェル（1831-1879）、レイリー（1842-1919）、J.J. トムソン（1856-1940）、ラザフォード（1871-1937）、など錚々たる科学者が所長を務めた由緒ある研究所で、すでに29人ものノーベル賞受賞者を輩出しています。フランシス・クリック（1916-2004）がこの研究所で、DNAの二重らせん構造を発見したことでも有名です。

キャベンディッシュの業績は、水素の発見だけでなく、非常に多岐にわたっています。化学関係では、水素と酸素から水ができることやアルゴンを発見したりしています。電気関係では、クーロンの法則やオームの法則など、基本的な法則を発見しています。また地球の密度を測定するなど、まさに科学史上のスーパースターなのです。ただ非常に風変わりな人として知られています。要するに「シャイ」な男なのです。人に会うのがおっくうで、家政婦の女性にも会うのが嫌で、食事のメニューをドアに貼っておいたという話もあります。本職の研究に関しても「シャイ」で、なにしろ生前はほとんど講演や論文発表をしませんでした。現代ではこういった「発表しない科学者」は、なかなか生きていけません。けれども、当時の科学者というのは、だいたいにおいてお金持ちが趣味でやる職業だったので、これでもよかったのでしょう。実際キャベンディッシュは由緒ある裕福な家系の人で、生涯食うには困らなかったようです。

論文を発表しない代わり、キャベンディッシュは毎日行う実験の結果や考察を、克明にノートに記録していました。このノートに、前述した大発見が淡々と記述されていたのです。この数々の大発見は、キャベンディッシュの死後にだんだんと明るみに出ました。とくに、電磁気学の理論で有名なマクスウェル（1831-1879）（のちに、キャベンディッシュ研究所の所長になる）が、キャベンディッシュの実験ノートに魅せられて、このノートを克明に解読し、その業績を本にまとめています。マックスウェルといえば天才的な物理学者ですが、人生の後半をこのような「科学史」に費やしたというのは、もったいない気がしますが、それほどこのキャベンディッシュの業績が優れていたといえます。

さて、水素は私たちの体の中に、水や有機分子の形でたくさん入っています。その量は、酸素、炭素に次いで多く、重さにしても10%くらいあります。ところが空気中の水素は、水素ガスとしては極めて少なく、0.000003%しかありません。もっとも水蒸気の水として水素原子が入っていますが、やはり酸素や窒素に比べたらわずかな量です。地殻の中にはほとんど水素はありません。地球の水素原子は、ほとんどが水の形で海水に含まれています。ですから、生命は海水中で誕生したと考えるのが普通です。けれども、以前炭素のところで書きましたが、炭素と水素が結合して有機分子になるというシナリオは、海水中ではなかなか難しいと考えられます。仮に炭素があっても、水の中では炭酸イオンや炭酸水素イオンになるか、カルシウムなどと化合して固体の炭酸カルシウムになってしまいます。では、どこでどのようにして生命は誕生したのでしょうか？これはまだわかっていません。炭素のところで述べた「生命は宇宙で誕生した」という説は別として、地球上で誕生したとすれば、現在の酸素が多い大気ではなく、メタンのような水素が多い（還元性のガスと言われている）気体がその昔大気として存在していて、それが何らかの刺激で有機物になったのではないかと言われています。実際に、メタンにある種のガスを混ぜて放電させると、さまざまなアミノ酸ができることは確かめられています。ただ、アミノ酸が偶然できたとしても、アミノ酸からもっと複雑な有機分子、さらにはDNA、そして生命体へと自然に発展していく過程はまだ見つかっていません。

He　ヘリウム
——声が変わる？——

2 He

宇宙で一番多い元素が水素、2番目がヘリウムです。電子の数は水素が1個、ヘリウムが2個とひとつ違うだけです。ところが、その化学的性質は全く違っています。これが化学の面白さでしょう。

ヘリウムは室温で気体ですが、原子番号が小さいので空気よりはるかに軽い気体です。空気の7分の1くらいの重さしかありません。ですから気球や空に飛ばす風船の中に入れる気体としてヘリウムが使われます。飛行船の中にもヘリウムが入っています。お祭りなどで風船をもらったとき、すぐ飛ばしてしまえばいいのですが、あとで飛ばそうと思って大事にとっておいたら、すぐしぼんでしまったという経験がある方も多いと思います。これはヘリウム原子が小さいために、風船のゴムの間から抜けていくからです。

ヘリウムは希ガスですから化学反応しないので、吸い込んでも安全だと思っていたら、最近、12歳のアイドルの女の子が、テレビ番組の収録中にヘリウムガスを吸って意識不明になるという事故が起こりました。このような事故は今までにも起きていて、海外では死者まで出ているようです。なぜヘリウムを吸うようなことをしたかと言えば、ヘリウムガスを吸って声を出すと、ヘリウムが空気に比べて軽いために音の伝わる速さが速くなるので、変な声になって面白からです。このようなヘリウムガスの入ったボンベは、面白い声を出す玩具として売られていて、今まではあまり問題にされてきませんでした。実際このようなボンベには、空気と同じように20%くらいの酸素が入っているので、大人が吸ってもほとんど問題になりません。ただ今回の事故は、12歳の少女だったので、酸素欠乏で意識不明になったようです。大人もあまり吸わない方がいいかもしれません。

さて、ヘリウムはほとんど化学反応をしませんが、逆にその性質を使って様々な用途に使われています。先ほど述べた気球や飛行船の中に入れたり、溶接をするときに金属が空気に触れて酸化しないために、ヘリウムガスが使われます。ちょっと変わったヘリウムの利用法としては、水に代わる冷却材があります。特に原子力発電の冷却材としての利用が考えられています。2011年に起こった福島第一原子力発電所の事故では、水素爆発により多くの放射性物質がまき散らされました。この水素は冷却水として使われている水が、原子炉の放射線により分解して発生したものです。現在の原子炉の多くは、水が冷却材として使われていますが、このような水素爆発を起こす可能性があるので、昔からいろいろと別の材料も考えられています。その一つがヘリウムです。ヘリウムは爆発しませんし、原子炉からの中性子が当たっても、放射能を持つことがありません。このヘリウムで原子炉の中で発生した熱を運んで発電に利用しようというのです。さらには、この熱を直接製鉄に使ったり、熱で水素を作る研究もおこなわれています。ただネックは、ヘリウムはガスなので、熱を運ぶ効率が悪いのと、高温のヘリウムを流すための材料がなかなかないことです。

もうひとつ重要なヘリウムの利用法は、非常に低い温度を作るための冷媒としての利用です。普通私たちは、物を冷やすときはドライアイスを使います。このドライアイスは二酸化炭素の固体でマイナス79℃くらいまで冷えます。もっと冷やしたいときは、液体窒素を使います。液体窒素を使うと、マイナス196℃と、さらに100℃くらい低い温度に冷やすことができます。さらに冷やしたいときは、液体水素（マイナス253℃）や、液体ヘリウム（マイナス269℃）を使います。すべての冷媒の中でも液体ヘリウムが最も冷えます。科学の研究は別として、私たちの身の回りで、こんなに冷やす必要があるものは何でしょうか？食べ物の保存なら、ドライアイスか液体窒素で十分です。実は、日本で開発されているリニアモーターに液体ヘリウムが使われています。

「リニアモーター」という言葉はあまり正確ではありません。リニアモーターというのは、電車などがモーターで車輪をまわして走る代わりに、直線状に並んだ磁石で動かす方式のことで、すでに東京の地下鉄大江戸線などで使われています。この大江戸線の車両には、普通の車輪がついていて、レールの上を走ります。一方、東京—名古屋間に建設予定のリニアモーターは、正確には磁気浮上式リニアモーターです。英語でも「magnetic levitation（略してmaglev）」といいます。この磁気浮上型のリニアモーターでは、強力な磁石が、推進力と同時に車体を空中に浮かせる役割もしています。この強力な磁石に、日本では「超伝導コイル」が使われています。超伝導は電気抵抗がゼロなので、強力な磁場を発生させることができます。ちなみに、ドイツで開発された磁気浮上型リニアモーターは、普通の電磁石を使っています。中国の上海にあるのも、普通の電磁石です。超伝導を使った電磁石は性能がいいのですが、この「超伝導」という現象は低い温度でしか起こりません。実際のリニアモーターでは、ニオブとチタンの合金が使われていますが、これが超伝導になるのはマイナス269℃と、非常に低い温度です。ですからリニアモーターカーの下部には、コイルを冷やすための液体ヘリウムが搭載されています。ヘリウムは高価なので、蒸発してなくならないように、蒸発したヘリウムを回収する装置もついています。

そういうわけで「不活性」の割には、結構活躍しているヘリウムです。ところが最近資源としての問題が出てきました。2012年に世界的にヘリウムの供給が不足して大問題になったのです。ヘリウムは主にアメリカで産出されていますが、採掘装置の故障などで、このような供給不足になりました。もっとも地殻中にあるヘリウムというのは、ウランやトリウムといった放射性元素から出るアルファ線という放射線がたまったものと考えられています。ですから私は、とくにアメリカに埋蔵量が多いと言うこともないような気がします。ヘリウム鉱脈の発見法と採掘法が開発されれば、日本でも採れるかもしれません。

Hf ハフニウム
──原子炉から半導体まで──

72 Hf

ちょっと聞いたことがない元素が出てきました。「ハフニウム（Hf）」です。周期律表を見てください。ハフニウムは原子番号が72番ですから、だいぶ下の方です。ハフニウムの下にある原子番号104番の元素はラザホージウム(Rf)という人工的に作られた元素で、ほとんど世の中にはありません。したがってこの列のグループでは、ハフニウムが最も重い元素になります。ハフニウムより右にあるのは、タングステン（W）のほかに、プラチナ（Pt）や金（Au）などの高価な貴金属があります。ハフニウムの価格は、近年急激に上がっていて、現在では金と同じくらいになりました。ハフニウムは指輪などの装飾品にも用いられることもありますが、その他にはあまり聞いたことがありません。いったいどんな用途があるのでしょうか？

ちょっと専門的になりますが、原子力分野では重要な元素です。ハフニウムは、原子炉で発生する中性子を吸う効果が非常に大きい元素です。この中性子はウランが核分裂すると発生するのですが、その中性子がまた次のウランにあたって核分裂を誘発します。そして次から次へと核分裂が起こっていきます。

何もしないとそのまま連鎖的に「核分裂」を起こしてしまいますから危険です。そこで制御棒というのを入れて核分裂の進行をコントロールするのですが、その制御棒は、当然ながら、中性子を吸収しやすい物質でなくてはなりません。そのひとつがハフニウムです。この制御棒を原子炉の中に出し入れすることで、原発の出力を調整します。制御棒の材料としては、前述のとおり、ホウ素（窒化ホウ素）、カドミウムなどがあります。

ところが、実際の原発ではハフニウムが中性子を吸収しやすいので逆に厄介なこともあります。原子炉の中のウランというのは、裸で存在しているのではなく、金属の保護膜（被覆管という）で包まれています。この金属としてジルコニウム（Zr）を主体とする合金が使われています。周期律表を見てください。ハフニウムの真上にジルコニウムがあります。つまりハフニウムとジルコニウムは同じグループなので、性質が非常によく似ています。したがって、もともとのジルコニウムにはかなりのハフニウムが不純物として入っています。しかも、化学的な性質が似ているのでジルコニウムとハフニウムを分離することは難しく、先ほど述べたウランを包む被覆管にハフニウムがどうしても含まれてしまいます。そうなると、今度は「中性子を吸収しやすい」というハフニウムの性質が裏目に出てしまいます。核分裂を進ませて原子の出力を上げようと思っても、今度はハフニウムが中性子を吸収してしまい、出力が上がりません。ですから、ウラン燃料を包む被覆管には、できるだけハフニウムの少ないジルコニウムの合金が使われています。

もうひとつ、最近、半導体分野でハフニウムが脚光を浴びてきました。それはシリコンの表面にある絶縁膜としてハフニウムの酸化物を使うというアイディアです。パソコンなどに入っている半導体素子には、現在はほとんどシリコンが使われています。そしてそのシリコンのチップの表面に、非常に薄い酸化膜があり、その膜が絶縁体になるのでトランジスターとして作動します。最近は1個の半導体素子の大きさがどんどん小さくなっています。よく「ナノテクノロジー」などという言葉を聞きますが、実際にシリコンチップの表面にある酸化膜の厚さは、ナノメートル（1ナノメートルは、1メートルの10億分の1）のオーダーになりつつあります。ところが、シリコンの酸化膜があまり薄くなると、絶縁体として機能しなくなってしまいます。絶縁破壊と言って、たまった電子が逃げてしまうのです。ですから、より薄くて絶縁性に優れた膜が必要です。そこで白羽の矢が立ったのが、ハフニウムの酸化物です。ジルコニウムもそうですが、ハフニウムの酸化物は非常に安定で、高い絶縁性を持っています。先ほどハフニウムの値段が高いと言うことを述べましたが、このような半導体材料に使うハフニウムの量は、たいしたことはないので、そのことはあまり問題になりません。ただ、シリコンの上にハフニウムの酸化物を付けるのですが、これがなかなかうまくくっつかないので、そちらの方が問題です。このハフニウム酸化膜を使ったシリコンチップは、まだそれほど実用化されていません。

Hg　水銀
──奈良時代が短かったのは──

80 Hg

これほど変わった金属はありません。水銀は唯一、室温で液体の金属です。銀色に光っていますから、文字通り「水」の「銀」です。古代の日本では水銀のことを「みずがね」と呼んでいました。これも金の「こがね」、銀の「しろがね」、銅の「あかがね」、鉄の「くろがね」などと同じように大和言葉です。つまり純粋な日本語です。大和言葉があるくらいですから、水銀の利用は大陸から渡ってきた技術だけではなく、日本古来の技術として使われていたと思われます。

話は変わりますが、奈良時代は西暦710年に始まりました。ところが次の平安時代は794年から始まりますから、80年ちょっとしか続きませんでした。しかも784年には、奈良から長岡京に遷都しているので、奈良に都があったのは実質70年少々という短さです。京都がその後1000年以上にわたって都だったのに比べると奈良の都は非常に短かったことになります。なぜこんなに短かったのでしょうか？いろいろな説がありますが、そのなかに「水銀公害」説があります。

奈良時代の一大イベントといえば、東大寺の大仏の建立です。これは国家的大プロジェクトで、多くの人と予算が投入されました。都を遷したのは、財政危機に陥ったからだと言う説もありますが、そうならば、逆に都を遷すこともないでしょう。奈良の大仏は、現在では青黒っぽい青銅の色をしていますが、できたときは金ぴかに光っていました。それは表面に金メッキをしてあったからです。普通金メッキは、試料を溶液に入れて電気化学反応で表面に金をつける（電着）のですが、大仏は大きすぎてそうはいきません。そこで使われた技術が「アマルガム法」です。水銀は他の金属と混ぜ合わせると、アマルガムという合金を作ります。水銀の割合が多いと液体で、水銀の割合が少ないと固体になります。ですから水銀に少しの金を混ぜて液体のアマルガムを作り、それを大仏の表面に塗っていきます。そして最後に温度を上げてやると、水銀が飛んで金だけが残るというわけです。この「水銀を飛ばす」という作業で、大量の水銀が環境中に蒸気として放出されたと思われます。この水銀によって奈良に住む多くの人が水銀中毒になったと考えられます。いわば古代における「公害」の原点と言ってもいいでしょう。現在のように科学が発達していませんから、原因がわかりません。なにかの「祟り」と考えたのでしょう。そこで祟りを避けるために、都を長岡京へ遷都したというわけです。この説が本当かどうかはわかりません。ただ、奈良時代の後期に「疫病」のようなものが発生して、多くの人が亡くなったことは確かのようなので、もしかすると水銀中毒が原因だったのかもしれません。

水銀による公害は、その後も世界各地で起こっていますが、日本では水俣病の悲劇がありました。こういった地名が付いた病名は、地元の人にとっては迷惑な話ですが、一般的に広がってしまった名前なので、ここでも水俣病を使わせていただきます。水俣病は戦後間もない1950年代に熊本県の水俣市周辺で発生した病気です。工場が触媒として使っていた水銀からできたメチル水銀という化合物を海に放出していたために起こりました。ここで重要なのは、工場側がメチル水銀を海に放出した時は、かなり薄い濃度にうすめて捨てたことです。この程度の濃度なら大丈夫だろうと思って放出したのです。その当時の工場の排出基準も甘かったと思います。ところが、こういった金属元素というのは、ある種の魚介類の体の中で濃縮されて、非常に高濃度になります。こういうことを「生物濃縮」と言っています。生物濃縮というのは、考えてみれば当たり前の話です。たとえば、カルシウムは骨の成分ですから、魚には重さにして数パーセントはカルシウムが入っています。けれども海水のカルシウムの平均的な濃度は0.04%くらいです。つまり魚は、海水の中からカルシウムを選択的に採取して、体内で濃縮しているわけです。これは、カルシウムのような主要な成分だけでなく、ごく微量の金属元素についても同じことがあります。魚にも金属元素の「好き嫌い」があるようです。水俣病の場合も、水銀が魚に濃縮され、それを食べた人が症状を発生しました。

さて水銀は、古い体温計や血圧計に使わていました。しかし安全上の理由から、現在は、ほとんど使われていません。現在水銀の利用法として一番多いのが水銀の蒸気をガラス管の中に入れ、それを光に変えて使う利用法です。これはたとえば殺菌用に使う「水銀灯」があります。また、家庭で使う蛍光灯の中にも水銀の蒸気が入っていて、放電のエネルギーを水銀の光に変えています。これもLEDの普及により、あまり使われなくなってきました。いずれの分野でも水銀は分が悪いようです。

Ho　ホルミウム
──科学先進国「スウェーデン」──

67 Ho

ストックホルムはスウェーデンの首都で、非常に美しい街です。市の中心部にある市庁舎では、毎年ノーベル賞受賞を記念する晩さん会が行われます。このストックホルムの「ホルム」というのは、このあたりを指すラテン語の

Holmiaという言葉に基づいています。Holmiaという地名は、現在もストックホルムの中心街に名を残しています。ホルミウム（Ho）は、このHolmiaという地名にちなんで名づけられました。

ホルミウムは希土類（ランタノイド）の11番目の元素ですが、埋蔵量も少なく利用も限られています。この元素を発見したのは、スウェーデン人のペール・テオドール・クレーベ（1840-1905）という人です。スウェーデンは科学の先進国と言ってよく、元素の発見に関しても、スウェーデンの科学者が多くの貢献をしています。元素を発見した人の国籍についてみると、1番から92番までの元素のうち18個までがスウェーデン人の発見したものです。しかも、今回のホルミウム以外にも、イッテルビウム（Yb）、テルビウム（Tb）、エルビウム（Er）、イットリウム（Y）など、多くの元素の名前が、スウェーデンの地名に由来しています。また、ニッケル、タングステンといった元素名は、スウェーデン語をもとにした言葉です。

ホルミウムはランタノイド元素です。ランタノイド元素は磁石としての性質をもつものが多いという話をしましたが、金属ホルミウムは、すべての元素の中でも、最も強い磁石としての性質を持ちます。ただ産出量が少なく、高価なため、あまり一般的に磁石として用いられることはありません。

ホルミウムが利用されている例としては、「ホルミウムレーザー」があります。私たちが目にするレーザーには、いろいろな色があります。しかしレーザーというのは、目に見える光だけではありません。目に見えない赤外線や電波などもレーザーがあります。ホルミウムレーザーは、目に見えない赤外線です。赤外線というのは、物にあたると、目に見える光よりも温度を上げる効果があります。しかもレーザーというのは、パルスで照射することができるので、短い時間にものすごい量の光が当たります。そうすると、ヒーターで加熱した時と違う温度の上がり方をします。要するに一気に温度が上がって、物が一気に破壊されてしまうのです。このような加熱を「アブレーション」ともいいます。ホルミウムレーザーは前立腺肥大症などの治療に使われていて、患部だけを一気に加熱して細胞を破壊するために使われています。

1　ヨウ素
――事故があったらすぐに飲む――

53

福島第一原子力発電所の事故では、ヨウ素剤の頒布が遅れて問題になりました。なぜ原発事故のときにヨウ素剤を飲んだ方がいいのか、あまりよく理解されていないかもしれませんので、ちょっと整理してみましょう。

原子力発電所の燃料であるウランが核分裂したときの核分裂生成物のうち、約3パーセントがヨウ素131という放射性核種です。このヨウ素131は、ベータ崩壊と言って電子を出して不安定なキセノン131という原子に変わり、そのキセノンが安定になるときガンマ線が出ます。その様子を、図20に示します（ただし、これ以外の過程もいくつかありますが、ほとんどがこの図の過程と考えていいでしょう）。ヨウ素131の半減期は8日です。また、不安定なキセノン131の半減期は12日です。ですから、「ヨウ素131が1個崩壊すれば、ベータ崩壊による平均600キロボルトの電子1個と、不安定なキセノン131から出る160キロボルトのガンマ線1個が出る」と言うことになります。では、電子とガンマ線のどちらが怖いのでしょうか？どちらも放射線なので、怖いの

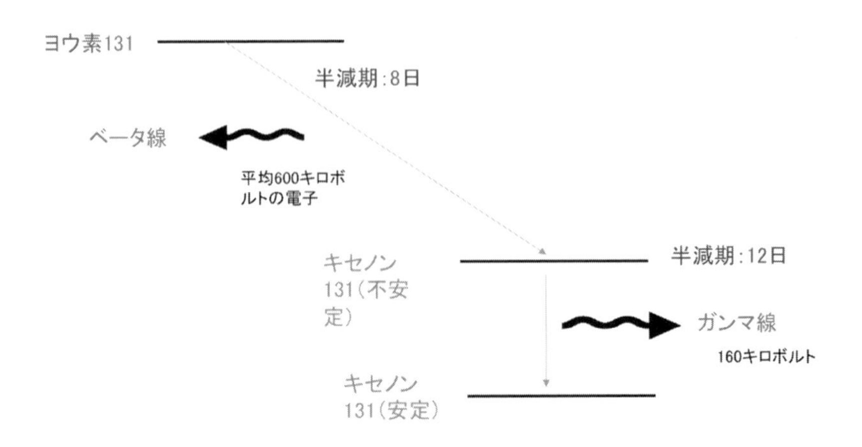

図20　ヨウ素131の崩壊過程

ですが、この二つでは体に与える効果が違います。電子はマイナスの電荷を持っているので、体の中に入って細胞などと衝突すると、細胞は壊れて、ガンになったりします（ガンマ線もそのような効果はあることはあるのですが、突き抜けてしまうので、細胞を壊す効果は電子より小さいと言えます）。要するに、「ヨウ素131から出る電子が細胞を破壊する」と言うことが重要です。

さて、原発事故で放出された放射性ヨウ素を飲み込んでしまうと、ヨウ素は甲状腺に集まりやすい性質があるため、甲状腺周辺の細胞が電子によって壊れてしまいます。それによって甲状腺ガンが起こりやすくなります。実際に1986年に起きた旧ソ連のチェルノブイリ原子力発電所の事故では、多くの子どもがヨウ素131の入った牛乳を飲んでしまい、亡くなりました。そこで、あらかじめ放射性でない普通の安定ヨウ素（ヨウ素127）をたくさん飲んで、甲状腺にヨウ素をいっぱいため込んでおけば、放射性ヨウ素が体内に入ってきても、甲状腺がヨウ素で飽和状態なので、その放射性ヨウ素は甲状腺には行かず、体の外に排出されてしまいます。ここで重要なことは、ヨウ素の半減期が8日と短いことです。原発の事故が起こってから何日もたつと、放射性ヨウ素がだんだんと減って無害になるので、ヨウ素最剤を飲むのは、事故の直後でないと意味がないと言うことです。安定ヨウ素自体は、それほど毒ではないのですが、事故がない時も常時飲んでいると、あまり体にはよくありませんし、お金もかかります。ですから、事故が起こったらすぐに安定ヨウ素剤を飲むことが重要です。特に40歳以下の若い人、とりわけ幼児は放射性ヨウ素に対する感受性が高いので、早めに安定ヨウ素剤を飲む必要があります。以前は、「そんな重大な原発事故は日本では起こらない」ということで、自治体が安定ヨウ素剤を配るなどと言うことは、あまりありませんでしたが、福島原発の事故以来、原発に近い多くの自治体が、安定ヨウ素剤を準備するようになりました。いずれにしても、「事故が起こったら、すぐに飲む」ということが重要です。

ところで、ヨウ素が甲状腺に集まりやすいという話をしましたが、このことは逆にいうと、甲状腺にとってヨウ素は必要な元素ということを意味します。ヨウ素が不足すると、甲状腺異常の障害が起こります。ヨウ素というのは海藻類に多く含まれますが、日本人は昆布やノリなどの海藻類を多く食べるので、ヨウ素不足による甲状腺障害はあまりありません。ところが、海から遠い内陸部の人たちは、海藻を食べる習慣がないので、甲状腺異常が多くみられます。そこでこういった内陸部では、食塩にわざとヨウ化ナトリウムを入れて、ヨウ素不足を補っています。

ヨウ素には殺菌作用もあります。ヨウ素をアルコールに溶かした液体を「ヨードチンキ」といい、ケガをした時の殺菌薬として使われていました。赤い液体の「赤チン」と、ヨードチンキの「ヨーチン」は、昔はよく使われました。しかし最近はもっと安全で良い薬品が開発されたので、「ヨーチン」はほとんど使われていません。

In　インジウム
──ふにゃふにゃの金属──

49 In

金属というのは、だいたいにおいて硬いものです。しかし中には、ふにゃふにゃの柔らかい金属もあります。インジウムが柔らかい金属の一つです。

金属に限らず固体がどのくらい硬いかというのは、「モース硬度」という値で表されます。これは少々古い尺度ですが、ドイツの鉱物学者であるフリードリッヒ・モース（1773-1839）により提唱されたものです。要は簡単で、硬度1から硬度10までの標準物質を決めて、測定したい試料とこれらの標準物質とをこすり合わせて、どちらに傷がつくかを見るのです。たとえば、モース硬度5の標準物質と試料をこすり合わせて、試料に傷がつけば試料のほうが柔らかく、モース硬度は5以下ということになります。次にモース硬度4の標準物質と試料をこすり合わせて、標準物質に傷がつけば試料のほうが硬いので、この試料のモース硬度は4.5ということになります。かなり原始的な方法ですが、10種類の標準試料を持ち歩けば、野外でも鉱物などの硬さを簡単に測ることができます。現代の実験室では、もちろんもう少し科学的な測定をして硬度を決めています。

さて、金属のモース硬度ですが、最もやわらかいのはナトリウム、カリウム、セシウムなど、周期律表の一番左の列にあるアルカリ金属で、いずれもモース硬度が1以下です。アルカリ金属以外で最もやわらかいのがインジウムで、モース硬度は1.2です。これは黒板に字を書くチョークより少し硬いくらいで、石膏よりはるかにやわらかい値です。やわらかいということは、融点が低い、つまり低い温度で溶けやすいことを意味します（ちなみに、水銀は例外で、硬いもやわらかいもなく、室温で液体です）。実際、インジウムの融点は150度くらいです。

インジウムは、やわらかすぎて装飾品にも食器にもなりませんので、長い人類の歴史において、ほとんど使われてきませんでした。ところが、近年急激に需要が増加しました。それは「電気が流れる透明な板」に使われるからです。これは液晶やプラズマテレビなどの画面のフラットディスプレイに使われています。実は、「電気が流れる」ということと、「透明」ということは、お互いに矛盾する性質で、一つの物質でその両方を兼ね備えて、しかも強度があるものという物質は、ほとんどありません。

ディスプレイは一般にガラスでできていますが、ガラスというのは電気が流れないので厄介です。そこに電子が当たるとマイナスのイオンがたまってしまい、ディスプレイとして作動しません。そこで開発された技術が、ガラスの表面に、透明な薄い金属酸化物の膜をくっつける方法です。いろいろな金属の酸化物が開発されていますが、インジウムとスズの酸化物を薄く透けると、電気が流れて、しかもガラスの透明性は保たれているので非常に有用です。このガラス板を、インジウムの「I」とスズ（英語ではtinという）の「T」、酸化物の酸素の「O」をとって、ITO（アイ・ティー・オー）と呼んでいます。このITOの技術は1960年代から開発されていましたが、1980年代から実用化が始まり、1990年代には爆発的にインジウムの需要が増えました。この技術は日本が先行していたので、そのころは世界中のほとんどのインジウムが日本で消費されました。つい最近までインジウムの生産量も日本が世界一で、統計によると2006年には、なんと世界の80%のインジウムが日本で採掘されていました。ところが、他にもこの技術を採用する国が増え、あっという間に、世界のインジウムの供給が枯渇しそうになりました。特に中国での使用量が爆発的に増えました。インジウムはレアメタルとして戦略物質になってしまったのです。現在ではインジウムのリサイクル技術も進歩したうえ、ITOに代わる電気を通す透明基板が開発されつつあり、インジウムの需要は減っています。

Ir　イリジウム
——恐竜はなぜ滅んだか——

77 Ir

恐竜はいまから約6600万年前に突然絶滅したといわれています。恐竜が地球上に現れたのが中生代の三畳紀といわれていますから、いまからおおよそ2億5000万年前です。ということは、恐竜は、出現してから絶滅するまで、2億年近くも地球の王者として君臨していたことになります。我々人類の歴史がたかだか数万年であることを考えると、その1万倍という、途方もない長さです。現在の地球の王者は人間かもしれませんが、人類がこの先、いったい何年もつかを考えると、とても何億年などということは考えられません。恐竜のすごさがわかります。これだけ長い間、王者として君臨していた恐竜が絶滅したのは、6600万年に起こったたった一瞬の出来事であったことがわかっています。ではなぜ、恐竜は一瞬にして絶滅したのでしょう。

長い間、「恐竜はなぜ突然滅んだのか？」というのが、科学における最大の謎のひとつでした。この謎を解いたらノーベル賞だといわれてもいました。それだけ子どもから専門家まで広く関心があるテーマだったのです。現在では、「6600万年前に起きた巨大隕石の衝突により恐竜は絶滅した」という説が、ほぼ正しいとされています。この隕石衝突説が正しいことを証明したのは、アメリカの地質学者のウォルター・アルヴァレス（1940-）と言いう人です。ウォルター・アルヴァレスは、父親と一緒に、この謎に挑みました。ちなみに、このウォルター・アルヴァレスの父親のルイス・ウォルター・アルヴァレス（1911-1988）は有名な核物理学者で、素粒子物理学の研究で1968年のノーベル物理学賞を受賞しています。この父親のルイスは、変わった人で、専門の物理学以外にも、いろいろな「トンデモ科学」に関する好奇心が旺盛な人でした。宇宙線を使ってピラミッドの中を透視して見ようとか、ケネディ大統領暗殺の真実を科学的に確かめようとか、いろいろなことに手を出しています。ちなみに「宇宙線を使ってピラミッドの中を透視する」というのは、最近ミュオンという宇宙線を使った技術が開発されていますから、目のつけどころは正しかったといえます。そしてルイスが息子と挑んだ「トンデモ科学」のきわめつけが「恐竜絶滅の謎解き」だったのです。

もっとも、アルヴァレス父子は、恐竜絶滅の謎を解明しようとしてこの研究を始めたわけではありません。地質学者である息子のウォルターが、地層にある元素の組成を分析しているときに、イタリアの白亜紀と第三紀の境目から採取した粘土層に、多くのイリジウムが存在することを発見しました。イリジウムのような金属は、地球の内部にはかなりありますが、地殻にはあまりありません。そこでウォルター・アルヴァレスらは、このイリジウムの濃度が高い層は、外部から巨大隕石である小惑星が地球に衝突して、その破片が飛び散ったためではないかと考えました。小惑星の組成は、地球全体の組成に似ていますので、地球内部にある金属も結構多いのです。この説が発表されてから、続々と世界各地でイリジウムの多い層が発見され、それがいずれも白亜紀と第三紀の境目の層に多いことがわかりました。これだけのイリジウムを世界中にまき散らすということは、その衝突した隕石というのは、とてつもない大きさだったと考えられます。計算によると直径は10キロメートル以上に及ぶと言うことです。これだけの隕石が地球に衝突すると、舞い上がった岩石や砂、塵で何年も空が真っ暗になります。また、何と300メートルを超える大津波が発生したといわれています。今そんな津波が来たら、日本のほとんどの大都市は水没してしまいます。いずれにしても、このような気候の激変に、体の大きい恐竜は耐えられなくなり、あっという間に絶滅したと考えられます。その後、メキシコのユカタン半島に、その隕石の衝突した跡と思われる巨大なクレーターが見つかり、「巨大隕石衝突説」は、かなり確かなものとなりました。ただ、まだ完全に証明されたとは言えないようで、反論もあります。ウォルター・アルヴァレスはまだ存命で、今年で76歳ですから、もしこの説が正しければ、ノーベル賞をもらってもおかしくありません。ただ、「恐竜絶滅の原因解明」という業績が何賞になるのか、よくわかりませんが・・・

イリジウムについては、恐竜の話だけで終わってしまいそうです。最後にイリジウムと言えば、アメリカのモトローラー社が始めた衛星電話サービス「イリジウム」を覚えている方もいるかと思います。なぜ「イリジウム」と名付けられたかと言えば、最初に77個の衛星を使う予定だったため、原子番号が77番のイリジウムにちなんで名づけられただけのようです。たいした意味ではありません。イリジウムは1998年にサービスが始まりましたが、翌年の1999年には、サービス会社が倒産してしまい、2000年には携帯電話のサービスが終わってしまいました。日本でもKDDI関連の「日本イリジウム」社が1998年からアメリカと同時にサービスを開始しましたが、アメリカのイリジウム社のサービス停止により、日本でもサービスが終了してしまいました。まさに「イリジウム」は一瞬の夢で終わってしまった感じです。

K カリウム
――私たちの体内にある放射能――

19 K

私たち日本人は、「カリウム」と呼んでいます。元素記号も「K」なので、国際学会などでしゃべるときは、間違えそうで苦労します。しかし「カリウム(Kalium)」というのはドイツ語です。英語は全く違い、「ポッタシウム

(potassium)」と発音します。つまり、Kという元素記号は、ドイツ語から採用したものです。同じような例としては、同じアルカリ金属の「ナトリウム」があります。元素記号はドイツ語のNatriumからとった「Na」ですが、英語は「ソディウム（sodium)」です。ちなみに、ドイツ語からとった元素記号としては､その他にタングステン（W）があります。英語は「tungsten」ですが、この「W」はドイツ語の「Wolfram」からきています。

さて、カリウムは､「窒素･リン酸、カリ」と呼ばれる植物の三大栄養素です。それを食べる私たちの体の中にも当然のことながらカリウムがたくさん入っています。カリウムは人間の体の中で8番目に多い元素で、平均約0.2パーセント含まれています。ということは、体重が60キロの人には、120グラムものカリウムが入っていることになります。カリウムは主にカリウムイオン（K^+）として体の中、特に細胞で重要な役割を果たしています。

ところが、厄介なことがあります。普通のカリウムは、質量数が39（または41）で安定なのですが、カリウムの中には0.012パーセントの割合で、質量数が40の「カリウム40」という核種があります。このカリウム40が放射線を出すので、私たちの体からは放射線が出ています。実際にどのくらいの放射線が出ているのでしょうか？

福島第一原子力発電所の事故以後に体の中の放射能を測る装置として話題になった「ホールボディーカウンター」というのがあります。これは体の中から出てくる放射線を測るための装置です。これを使って測ると、体重60キログラムの人は、だいたい平均して1秒間に5000個もの放射線（主にガンマ線）を体外に放出しています。最近よく使われるようになった「ベクレル」という単位でいうと、5000ベクレルです。これはほとんどがカリウム40から放出されているガンマ線によるものです。食品に含まれる放射能の基準値が1キログラム当たり100ベクレルとなっているのに、そもそも人間の体の中から5000ベクレルもの放射線が出ているとは驚きです。体重60キログラムとすると1キログラム当たり83ベクレルですから、基準値とあまり変わりません。もっとも食品の基準値というのは、人工的に発生した放射性セシウムに関するもので、自然にある放射性カリウムは除外して考えています。

さて、放射性のカリウム40は、主にベータ崩壊と言って、電子を出して崩壊します。ですから体の中でベータ線が出て、それが体内で止まって外に出ないものもあります。そちらの方が電子によって細胞が壊される確率が高くて危険です。こんなに放射線が出ていて、いったい私たちの体は大丈夫なのでしょうか？これは非常に難しい問題です。細胞が放射線を浴びると、たとえ少量でも、DNAが破壊されて、ガンになったり、突然異変を誘発するといわれています。ただ、どのくらいでそうなるのかは、現在の科学でも完全にはわかっていません。ただ、すくなくとも、カリウム40の放射線というのは自然に存在するものなので、有史以来、いや私たちの先祖の生物も常に浴びていたものです。それがガンや突然異変を少しずつ誘発しながら、生物は進化してきたと考えられます。ですから、体の中に放射性カリウムがあるからと言って、特別恐れる必要はありません。カリウム40の放射線を体から除くことは不可能なのです。

最後にカリウムの発見についてふれましょう。カリウムを発見したのは、イギリスのハンフリー・デービー（1778-1829）という化学者です。デービーについては、あまりご存じない方が多いと思います。デービーはむしろファラデー（1791-1867）の先生として有名です。「デービーの最大の業績は、ファラデーを発見したことだ」などと揶揄されることもあります。けれども、このデービーという人は、弟子のファラデーに負けず劣らず、化学に関して偉大な業績を残しています。特にカリウムなど元素の発見については、他の科学者の追従を許さず、なんと生涯に、カリウム、ナトリウム、カルシウム、マグネシウム、ホウ素、バリウムと6個もの元素を発見しています。これだけ一人で発見したのはデービーだけでしょう。それというのも、デービーよりやや先輩のイタリアのボルタ（1745-1827）（「ボルト」の単位に名を残していることで有名）が電池を発明したことに、デービーはいち早く注目し、これを使って電気分解という方法を発明したからです。これは理科の実験でもよくやる方法で、水溶液に2本の電極を入れて、その間に電気を流す方法です。現在では乾電池があればだれでもできますが、電池が発明されたばかりだったので、この電気分解によってデービーは次々と上記の元素を分離しました。その中の一つがカリウムです。デービーは水酸化カリウムの溶液を電気分解し、金属のカリウムを分離することに成功したのです。ナトリウムもそうですが、アルカリ金属というのは空気中で非常に不安的で、すぐ酸化物や水酸化物になってしまいます。それを金属にするというのは難しかったのですが、電池と電気分解の発明で、一気に金属元素の発見が進みました。その立役者がデービーです。

余談ですが、デービーは晩年、功成り名を遂げて、準男爵になったり、イギリス王立協会の会長職を務めたりします。ところが､弟子のファラデーが､次々と大発見をして有名になったので、ちょっと妬んだのでしょうか。晩年はファラデーの悪口を言ったり、ファラデーが王立協会会員になることに猛反対したりと、ちょっと考えられないような行動をとります。まあ、科学の先生と弟子の関係というのは、あまり親密な師弟関係が長く続くと、いつの時代にも難しいものです。ただ、結果的にはファラデーの方が歴史に名を残しました。

Kr　クリプトン
―1メートルの定義―

36 Kr

最近は照明がLEDになってきたので､あまり見かけなくなりましたが､以前、クリプトンランプという照明がありました。これは普通の白熱電球より少し小さい電球で、白い光を出します。小さくて明るいうえに、寿命も長いと言うことで、少し高いですが、それなりの需要がありました。普通の電球にはアルゴンガスが入っていますが、クリプトンランプには、アルゴンより重い希ガスのクリプトンが入っています。

クリプトンは希ガスなので化学反応はほとんどしません。したがってクリプトンの利用は、このクリプトンランプのように、もっぱらガスとして発光する性質を使ったものがほとんどです。

話は変わりますが、１メートルや１秒といった私たちが使う単位は、何が基準になっているかご存知でしょうか？以前セシウムのところで、１秒の定義が、セシウムの励起状態の寿命に基づいていることを述べました。実は、クリプトンはかつて、1メートルの定義に使われていました。クリプトンが出す光を使う方法です。セシウムの項の図13（58ページ）を見てください。安定な軌道ある電子が、光照射などにより、上の空いた不安定な軌道に移ります。この電子がもとの軌道に移って安定化するときに光を出します。セシウムの場合はこの時の光のエネルギーを時間の標準に使いましたが、クリプトンの場合は、この光の波長を長さの基準とします。実際はこの長さは、非常に短いので、1メートルを、この光の波長の1,650,763.73倍というように定義します。クリプトンの光で1メートルを定義する方法は1983年まで使われていましたが、もっと精度の良い方法が開発されたので、お役御免となりました。現在はどうなっているかというと、1メートルの定義は、「光が1秒の299792458分の1の間に真空中を伝わる距離」となっています。

これを聞いて、ちょっと不思議に思う方もいるでしょう。クリプトンのときは、1メートルを定義していたのに、新しい定義では、光の速度を基準にしています。ということは、今度は1秒の定義をきちんとしなければなりません。この1秒の定義は以前述べたセシウムの出す光に基づいています。これでは堂々巡りです。いったいどうなっているのでしょうか？

実はすべての基準は、「光の速度は不変である」という実験事実に基づく大原則を根拠にしています。確かに現在の測定精度では、光の速度はどこで測っても、どの方向で測っても同じです。ですから、すべて光の速度を基準にすれば、世界中、いや宇宙のどこでも、時間や長さを正確に定義することができます。しかし驚くべきことに、本当に「光の速さが不変かどうか」については理論がありません。アインシュタインの相対性理論というのは、「光速が不変である」という実験事実が正しいという大前提のもとに、すべての理論が構築されています。ですから、仮にこの大前提が崩れると、相対性理論全体がおかしくなってしまいます。将来、実験精度の向上により、この「光速不変の法則」が破られる日が来るのでしょうか？そうなったら大変です。

話を戻します。クリプトンの光の利用としては、近年「クリプトンレーザー」が知られるようになりました。これは「エキシマレーザー」と言われるガスを使ったレーザーのひとつです。クリプトンのガスに刺激を与えて励起状態にして、そこにフッ素などのハロゲンガスを混ぜます。普通は、クリプトンは反応性が乏しいのでフッ素とは反応しませんが、励起状態のクリプトンはフッ素と反応して、エキシマと呼ばれるクリプトンとフッ素の化合物を作ります。そこから出てくる光を増幅してレーザーとして取り出します。普通のレーザー光は目に見える光が多いのですが、クリプトンを使ったエキシマレーザーは、紫外線のレーザー光を出します。紫外線はエネルギーが高いため、強力な紫外線レーザー光を物に当てると、加熱する前に物がバラバラに壊れてしまいます。ですから「温度を上げないで削る」という用途に適しています。そのため、たとえば半導体を削ったり（リソグラフィーと呼ばれる）、視力矯正用のレーザー光として利用されています。

La　ランタン
――水素を貯める合金――

57 La

ランタンと言えば、古い人は、手に下げる灯りを思い出すでしょう。しかし、灯りのランタンは英語で「lantern」です。これから述べる元素のランタン（La）は英語で「lanthanum」と書き、全く別のものです。元素のランタンの方はカタカナで書くなら正確には「ランタナム」あるいは「ランタヌム」と書かなければなりませんが、慣用的に「ランタン」と呼ばれています。
以前「ランタノイド」の話をしましたが、その「ランタノイド」の言葉のもとになっているのが、この「ランタン」です。ランタンは、ランタノイドの最初の元素です。

ちょっと復習しましょう。図21にランタン原子の電子配置を書きました。ランタノイドは4f軌道という7個の電子の軌道にひとつずつ電子が埋まっていきます。ランタンはその最初の元素ですから、4f 軌道の電子はゼロです。その上に、5d 軌道と 6s 軌道と書いてあり、それぞれ１個、２個の電子が入っています。ランタンの場合、電子は 4f 軌道よりも 5d 軌道と 6s 軌道のほうに入りやすいからです。ランタノイド元素の場合、この 5d 軌道と 6s 軌道にある電子の数は、元素によって違いがあり、あるものはランタンと同じように３つですが、あるものは、6s 軌道に２個あるだけです。そのような微妙な違いは、なぜおこるかというと、そもそも 4f 軌道と 5d, 6s 軌道のエネルギーにあまり違いがなく、化合物を作ることなどで軌道の重なりが生じるからです。

4f 軌道の電子というのは、基本的に化学反応にあまり寄与しません。ですから、ランタノイド元素の化学的性質は非常に似ています。さらに言うと、5d 軌道と 6s 軌道にある電子が３つとれて安定になるので、プラスの三価になりやすい性質を持っています。金属のランタンは、非常に酸化されやすく、空気中に置いておくと表面は完全に酸化物で覆われてしまいます。

そういうわけで、金属ランタンはほとんど材料として使われていません。ランタンが使われているのは、安定な酸化物です。ランタンの酸化物は、他のランタノイドの酸化物と同じように、光を吸収したり発光したりする光学材料として使われています。

最後にランタンの利用法として、水素吸蔵材料をあげましょう。水素は究極のクリーンエネルギーとして、将来の燃料として研究が進んでいます。水素で動く自動車は、排気ガスとして水しか出しませんから、大気汚染などの環境問題は一気に解決するで

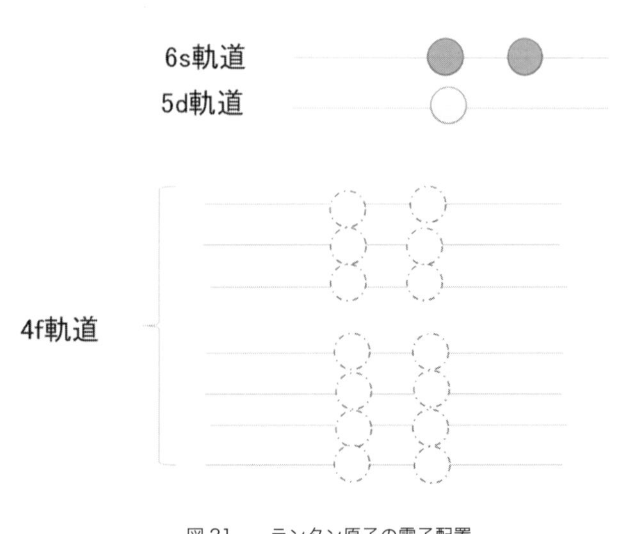

図 21　ランタン原子の電子配置

しょう。水素自動車は一部ですでに実用化されていて、トヨタなども将来の主役は水素自動車と考えているようです。ただ、水素自動車を広く実用化するためには解決しなければならない課題がたくさんあります。そのひとつが、「いかにして水素をためて運ぶか？」という問題です。ガソリン自動車なら液体のガソリンをタンクに入れればいいですし、電気自動車なら、大容量の電池を積んで走ればいいでしょう。水素はガスですから、一般的にボンベに水素ガスを高圧で詰めて運びます。ただ、それだと高圧ガスを積むので危ないのと、高圧に耐えられるボンベの重さがバカになりません。そこで出てきた一つのアイディアが、「水素を金属に吸わせて運ぶ」というものです。これは1960年代にアメリカで研究開発が始まりましたが、現在では日本の技術が世界をリードしています。

さてどうやって金属に水素を吸わせるのでしょうか？実は水素というのは非常に小さい原子なので、多くの金属の中に、するすると入っていきます。つまり金属原子と金属原子の隙間が、水素原子の大きさより大きいと、水素にしてみれば「スカスカ」なのです。ところが、あまりスカスカだと、今度はくぐり抜けてしまい、水素を吸蔵することができません。「適当な大きさの金属原子」でできた「適当にスカスカ」の構造を持つ物質を使う必要があります。

そこで出てきた考えは、適当な大きさの金属を組み合わせた合金を使うという方法です。いろいろな合金がありますが、その中の一つが、ランタンとニッケルの合金です。これはランタンが1に対して、ニッケルが5の割合なので、$LaNi_5$と書きます。なぜこの組成がいいのかと言うことは、非常に難しく、完全にはわかっていません。ただ、水素原子を吸蔵するためには、最初に水素分子（H_2）をバラバラにして2つの水素原子にしなくてはなりませんが、その反応をランタンの酸化物が促進するからだともいわれています。

Li　リチウム
──核融合に必要な元素──

3 Li

　最近、リチウム電池が話題になっています。トヨタプリウスなどのハイブリッド車に積まれている電池は、今まではほとんどがニッケル水素電池と言って、ニッケルを使った電池でした。ただしニッケルは重いので、燃費にとってやや不利でした。実際にニッケル水素電池を使ったプリウスの車体は1.5トンくらいあり、同じ大きさのガソリン車（通常1トンくらい）の1.5倍もあります。車の重さを軽くする電池として期待されているのがリチウムイオン電池です。ところで「リチウム電池」は、すでに昔から、小さなボタン電池として使われていました。ただしこれば、乾電池と同じで、充電できない使い捨ての電池です。これを一次電池とも言います。一方、充電できるタイプの電池を二次電子と言います。古い言い方では、「蓄電池」、「充電式電池」とも呼ばれます。リチウムを使った二次電池は、携帯電話やノートパソコンに使われています。実はこれは、「リチウムイオン電池」といい、「イオン」という名前がはいっています。イオンという言葉が入っている理由は、リチウムイオンが電池の中で電気を伝える主になっているからです。普通の電池では、電気を伝えるのは、マイナスの電子ですが、このイオン電池では、プラスのリチウムイオンなので、電気の流れが逆になっています。

　リチウムイオン電池には、いろいろなタイプが開発されています。すでに、スズキのワゴン車には搭載されていますし、2015年に出たトヨタのプリウスにも使われています。また、リチウムイオン電池を搭載した電気自動車（EV）も発売されています。

　車に積むとなると、若干の問題もあります。それはリチウムイオン電池が発火しやすいという点です。これまでも、携帯電話やノートパソコンに搭載されたリチウムイオン電池が発火したという事故がありました。飛行機でも、つい最近ボーイング787に搭載したリチウム電池が飛行中に発火し緊急着陸するという事故がありました。自動車では、振動や高温といったより過酷な条件で使うので、リチウムイオン電池には発火しないように安全装置が備えつけられています。もうひとつは、資源の問題です。地殻中にある元素の割合をクラーク数と言いますが、ナトリウムとカリウムがともに3パーセントくらいあるのに対し、リチウムはわずかに0.006パーセントしかありません。ほとんど希少金属（レアメタル）と言ってもいいでしょう。現在はリチウム鉱山から採掘する方法が主流でで、日本は100パーセント輸入に頼っていますが、価格の高騰や資源の枯渇が懸念さます。

そこで海水からリチウムを取り出すことも考えられます。海水には、リチウムに限らずいろいろな元素が溶けていて、その量も膨大ですから、うまく取り出せれば資源問題は解決します。しかし、これまでに海水から取り出して十分に採算がとれたのは、塩（しお）だけのようです。塩田からとれる塩は、日本では最近まで商品になっていましたが、これも今では輸入の岩塩がほとんどです。リチウムを海水からとるというのは、まだまだ商業ベースになっていません。昔は塩田が多かったので、そこから塩を取り出した残りの「苦汁（にがり）」の中にリチウムが濃縮されていたので、そこからリチウムを効率よくとることもできましたが、今では塩田はありません。海水からリチウムをとる技術は、現在もいろいろと開発されていますが、なかなか実用化しません。

リチウムの応用として、もうひとつ核融合を取り上げましょう。以前のべたとおり、周期律表の元素の原子核は、真ん中の鉄あたりが一番安定で、重いとウランのように分裂し、軽いと水素やヘリウムのように融合して膨大なエネルギーを出します。どのようにして核融合を起こすかを非常に簡単に説明しましょう。

図22を見てください。二つの原子がある距離を持って結合しているとします(a)。このままでは何も起こらず安定です。ただ、これはごく低い温度の話で、実際の室温あたりでは、2つの原子はそれぞれ振動をしています(b)。これでも何も起こりません。ところが、どんどん温度を上げていくと、さらに振動が大きくなって、ある確率で2つの原子は、くっついて一つの原子になります。これが核融合です。ここでは2つの原子が結合していて振動しているような絵を書きましたが、核融合を起こすためには、要するに2つの原子の距離を、何らかの方法で近づければいいわけです。それには温度を上げる以外にもいろいろな方法があります。

たとえば、太陽や星の中では、重力がその役割を果たしています。非常に強

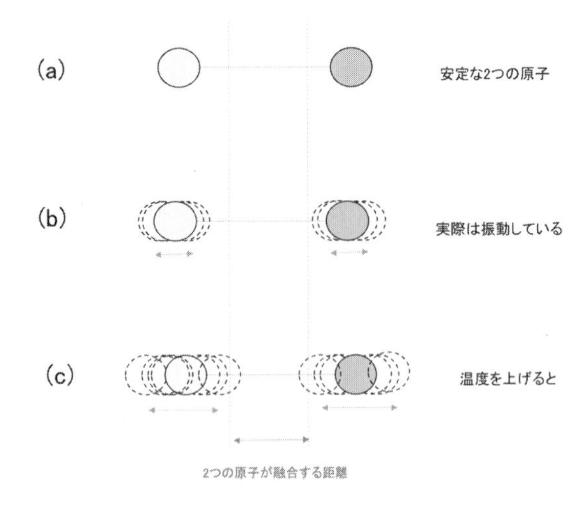

図 22　核融合が起こる様子

い重力があると、原子と原子の距離が短くなって、核融合を起こします。地球の場合は、大きさが太陽より小さいので、地球の内部では核融合は起こりません（ただし、非常に小さな確率で起こっている可能性はある）。

先ほどの図は、2つの原子がある距離にあるように書きましたが、実際は温度を上げていくと、ほとんどの原子は気体になり、さらには電子がはぎ取られてプラズマというプラスイオンになっています。気体だと、そもそも原子と原子の間は「スカスカ」で、距離は大きくなってしまいます。そこで強力な磁石を使って、気体のプラズマを容器の中に無理やり閉じ込める方法が考えられています。

さて、リチウムも軽いので、核融合の燃料として使うことが研究されています。たとえば水素とリチウムがくっついてヘリウムになる次の反応があります。

$$^{1}H + {}^{6}Li \rightarrow {}^{3}He + {}^{4}He$$

左上に書いてあるのが、原子の質量数です。ただしこのように、リチウムと他の原子を融合させる反応は起こりにくいので、実際の核融合の研究は、水素の同位体である重水素や三重水素（トリチウム）を使います。ここでリチウムは、酸化リチウムとしてトリチウムをつくるための材料として使われています。その反応は次のようなものです。

^{6}Li + 中性子　→ トリチウム　+ エネルギー

最初の中性子というのは、トリチウムの核融合が起こった時に出るもので、それをリチウムに当てて、再びトリチウムを作ります。そのときに発生するエネルギーを熱として発電に使う計画です。できたトリチウムは、再び核融合の燃料としてリサイクルされます。核融合は、水（実際は重水素）を燃料として膨大なエネルギーを得ることができるため、究極のエネルギー源と言われています。ただ、いろいろと解決しなければならない技術的問題が数多くあるのと、膨大な予算がかかるため実現にはしばらくかかりそうです。現在は主に国際協力で研究が進められています。

Lu　ルテチウム
──ランタノイド最後の元素──

71 Lu

「ルテチウム」はLuと書きます。同じような発音の元素に、「ルテニウム」があります。こちらの方はRuと書きます。日本人は、LとRの発音の区別が苦手なので、ルテチウムとルテニウムを聞きわけることは難しいようです。しかも、どちらともあまり一般的に知られていな元素なので、かなりやっかいです。そもそもルテチウムという元素は何者なのでしょうか？

周期律表を見てください。ルテチウムは、14個あるランタノイド元素（ランタンも含めると15個）の最後の元素です。ランタノイド元素の行の一番右にあります。ということは、以前出した電子配置の図の4f軌道というのが全部埋まっていることになります。何回も出てきて申し訳ありませんが、図23に、ルテチウム原子の電子配置を出します。この矢印が磁石としての性質を決める「スピン」と呼ばれる電子の回転を表しています。片方の向きの電子がたくさんあると、磁石としての性質が強くなります。たとえば、以前お話ししたガド

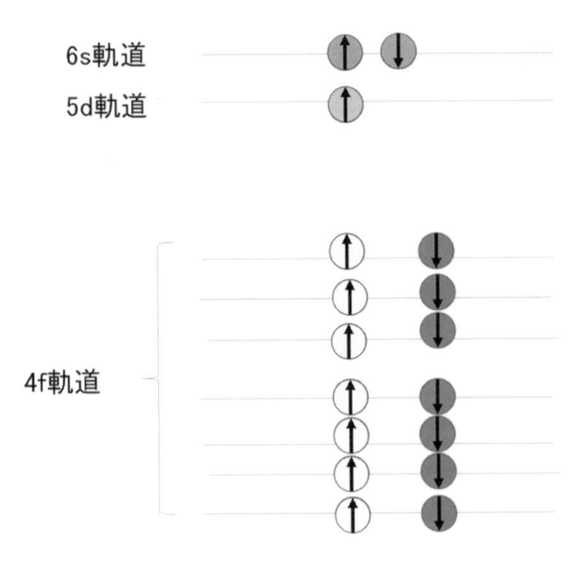

図 23　ルテチウム原子の電子配置

リニウム（Gd）は、ランタノイド元素のちょうど真ん中の元素で、この図の左側の薄い色の電子だけが、7つの4f軌道に入っています。その際、全部電子が上向きで、非常に強い磁石となります。ところがルテチウムは、全部の軌道に2つずつ矢印が反対の電子がペアを組んで埋まっています。ですから、上向きだけとか、下向きだけといった片方だけの電子が4f軌道にはありません。このため、ルテニウムは磁石としての性質を全く示しません。こういった物質を「反強磁性」と呼んでいます。

もうひとつランタノイドの性質として、4f軌道間のエネルギー差に相当する光が吸収されたり発光したりするため、4f軌道が中途半端に埋まっていると、光を吸収して色がついたり、発光したりする性質があることも述べました。ところが、ルテチウムの電子配置を見ればわかる通り、4f軌道が全部埋まっているため、4f軌道間の電子の飛び移りが全く起こりません。これは化合物になっても同じで、ルテチウムから電子が取れるときは、上の5sや6dという軌道から電子が取れます。ですからルテチウムの三価イオンも4f軌道は全部埋まったままです。実際、ルテニウムは三価が極めて安定で、化合物も色がついていません。色がない物質というのは、粉の場合、光が散乱されるので、白い色をしています。つまりルテチウムは、ランタノイド元素でありながら、最もランタノイドらしくない元素と言えます。

というわけで、磁石としても、光学材料としてもあまり利用価値のない、ちょっとかわいそうなルテチウムです。わずかに、レーザーの発振体の添加物や超電導材料の添加物として研究に使われています。

Mg　マグネシウム
――緑色の葉――

12 Mg

豆腐は健康食品です。油が多い動物性タンパク質に比べ、大豆の植物性タンパク質は理想的なタンパク源です。しかも柔らかいので、おなかをこわした時にも最適です。豆腐は、大豆から作られる豆乳を固めたものです。ところで、豆腐はなぜ固まるのでしょうか？

タンパク質は、水に溶けるものと、溶けないものがあります。豆乳の段階で水に溶けているタンパク質は、「溶ける」タイプのタンパク質です。このタンパク質には、「水がくっつきやすい部分」と、「水がくっつきにくい部分」があり、「溶けやすい」タンパク質の場合は、水分子が、この「水がくっつきやすい部分」にくっついているので、水に溶けているのです。豆乳に、ある種の「塩」（しお）を入れると、この塩の分子がイオンとなって、水とタンパク質の間にアタックして、水分子をはがしてしまいます。それで、タンパク質には「水がくっつきにくい部分」しか残らないので、直ちに固まってしまいます。この時入れる「塩」というのは、何も食卓塩だけではありません。化学の世界では「塩」と書いて「エン」と読みますが、要するにプラスイオンとマイナスイオンからできた固体です。いろいろありますが、昔は自然にとれる「苦汁（にがり）」という物質を使いました。これは海水から塩（しお）をとった残りです。現在では、塩田がなくなり、苦汁そのものがなくなってしまったので、別の試薬を使っています。このように、塩分の濃い水溶液の中でタンパク質が固体になることを「塩析」とも言います。このようにしてできた固体を「ゲル」と言います。
さて、前置きが長くなりましたが、苦汁の中の主な成分は、塩化マグネシウムです。これはマグネシウムと塩素の化合物で、水に溶けたマグネシウムのイオンが舐めると苦いので、このように呼ばれています。この苦味が、豆腐のおいしい味を出しているといわれています。人間の味覚というのは微妙なものです。水の中にあるちょっとした金属イオンが、味を変えてしまうことがよくあります。
マグネシウムのような有機物以外の金属元素や金属イオンを「ミネラル」といっています。ミネラルウォーターの「ミネラル」です。ミネラルウォーターは、水の中に入っている微量のミネラルの組成によって味が変わります。特に、カルシウムイオンやマグネシウムイオンは、結構たくさん入っていて、ミネラルウォーターの味を決めています。よく、カルシウムに対してマグネシウムの割合が少ない方がおいしい、と言われていますが、実際のところ私にはよくかりません。もっと少ない「バナジウム」などが味を決めているという説もあります。いずれにしても、味覚というのは人によって様々ですから、おそらく人間に必要なのに不足している元素が入っていれば、おいしく感じるのでしょう。
マグネシウムは私たちの体にとって必要な元素ですが、植物にとっても非常に重要な元素です。というより、マグネシウムがなければ植物としては存在できません。それは植物の命ともいうべき光合成にとって、マグネシウムが必要だからです。光合成をつかさどるクロロフィルという物質にはマグネシウムが入っていて、そのマグネシウムが重要な役割を果たします。クロロフィルは葉緑素ともいいます。
葉緑素と言う言葉には、「緑」という字が入っています。文字通り、植物の葉の緑色は、この葉緑素の色です。ところで、植物の葉が緑に見えるのはなぜでしょうか？実はこれが、光合成と大いに関係があるのです。物が緑に見えると言うことは、その物が緑の色を発しているのではありません。白色の太陽光のうち、緑の反対の色（補色）が吸収されるからです。緑の補色は赤です。ということは、植物の葉は「赤い光を吸収している」ということです。この赤い光を吸収して光合成をおこなっているのが、「クロロフィル」です。
クロロフィルという物質の真ん中にあるのがマグネシウムです。そのようすを図24左側に書きました、マグネシウムの周りに、有機分子の中にある窒素原子が結合しています。「結合している」というのは正確ではなく、マグネシウム原子が電子を２個窒素側に与えて、４つの窒素のうちの２つがマイナスになっています。こういう結合を「配位結合」ともいいます。そしてこういった金属と有機分子がくっついた化合物を「錯体」と言っています。

さて、どうしてマグネシウムと有機分子が錯体を作ると、赤い光を吸収するのでしょうか？それを説明したのが右の図です。マグネシウムだけ、あるいは有機分子だけでは、電子の軌道はほぼひとつだけなので、光を吸収しません。ところが錯体を作ると、これらの電子の軌道が、上と下に分裂します。下の軌道というのは安定で、ここに電子が入っています。上の軌道は不安定なので、普段は電子がありませんが、光が当たったりすると、下の電子がこの軌道に上げられます。つまり光のエネルギーが、ちょうど上と下のエネルギー差になります。クロロフィルの場合は、上下のエネルギー差が、ちょうど赤い色の光のエネルギーに相当します。

赤い光を吸収したクロロフィルは、このエネルギーを上手に使って、炭酸ガスと水から有機物を合成し、酸素を排出します。これが光合成です。ただ、太陽の光というのは、紫外線から赤外線まで幅広く分布していますが、その中で赤い光というのは、エネルギーが低い方です。つまりエネルギーの効率という面では、光合成は必ずしも有利ではありません。本当は青い光や紫の光を吸収して使った方が有利です。ただ、自然はそのような分子や反応を見つけることができなかったと考えられます。

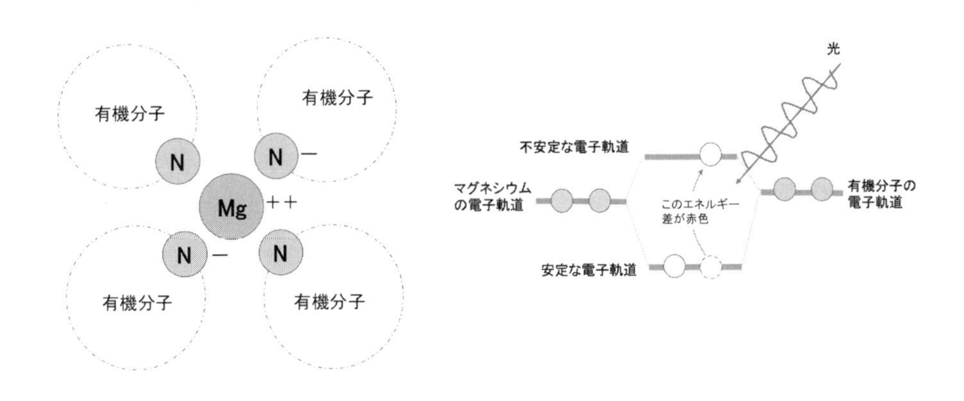

図 24　クロロフィルの構造（左）と、光合成のメカニズム（右）

人類はどうでしょうか？太陽光を利用して水から水素を作る物質として二酸化チタンが研究されています。これは主に紫色の光から紫外線を使う反応です。けれども、やはり青や紫の光を使うことはうまくいっていません。また、人工的に光合成の反応を起こすことはいまだに実現していません。

Mn　マンガン
──触媒のようで触媒でない──

25 Mn

マンガンは、英語でmanganese（マンガネーゼ）と言います。マンガンというのは、ドイツ語の「Mangan」を日本語で発音したものです。

中学校の理科で、酸素を発生させる実験をしたのを覚えておられる方もいると思います。二酸化マンガンに過酸化水素を加えると、ブクブクと泡を立ててガスが出てきます。これが酸素です。この実験は、二酸化マンガンと過酸化水素水だけあれば、あとは容器以外何もいらないので、安全で簡単です。けれども、どうして二酸化マンガンと過酸化水素から酸素が出るのかと言うことについて、うまく説明できる先生は少ないのではないでしょうか？というのは、この反応を正しく説明することは非常に難しいからです。そうはいっても、あきらめずに少しは説明してみましょう。化学反応式をあまり出したくないのですが、しかたがないので一応だします。二酸化マンガンはMnO_2、過酸化水素はH_2O_2ですから、この二つが反応することを式で書くと

$$MnO_2 + H_2O_2 \rightarrow$$

となります。次に矢印の右側にできたものを書きましょう。酸素はO_2なので、

$MnO_2 + H_2O_2 \rightarrow O_2$

となります。ただ、これだと、右と左の原子の数が一致しません。そこで、O_2 に 1/2 をかけて、右にも MnO_2 を書き、左右の原子の数を合わせると、

$MnO_2 + H_2O_2 \rightarrow (1/2) \cdot O_2 + H_2O + MnO_2$

となります。あれ？なんだか変ですね。右にも左にも MnO_2 があります。要するになくても同じです。ですからこの式は、

$H_2O_2 \rightarrow (1/2) \cdot O_2 + H_2O$

と書けます。つまり、過酸化水素が水と酸素に分解しただけで、二酸化マンガンはそれを手助けしているだけです。自らは変化しないで、反応を促進するための物質を、普通は「触媒」と呼んでいます。ですから、この反応の二酸化マンガンも触媒という人がいます。ところがここからが本論です。

本当のことを言うと、二酸化マンガンは変化しているので、正確には触媒ではありません。というのは、酸素分子になるもとの酸素原子は、実は二酸化マンガンの酸素からきているのです。つまり二酸化マンガンの酸素が抜けて、それが酸素分子になり、二酸化マンガンの中の欠けた酸素の部分に、あらたに過酸化水素から抜けた酸素が入るのです。こういった触媒のようで実は触媒ではない物質というのは多くあります。ただ、結果的に最初に入れたものは全く変化しないので、それが本当に化学反応に寄与しない触媒なのかどうかを確かめるのは結構大変です。こういった研究には、同位体を使います。

たとえば、酸素には質量数 16、17、18 と、3 つの同位体があります。ですから上の反応の場合、たとえば酸素 18 を使って二酸化マンガンを作っておき、それを酸素 16 でできた過酸化水素と反応させます。そして反応後に、もう一度二酸化マンガンの酸素の質量数を測り、もし 18 のままだと、反応に寄与しないことがわかり、16 に変化したとすると、反応したことになります。その結果、上の反応の場合は、先に述べたとおり二酸化マンガンの酸素が抜けて酸

素分子となることがわかりました。
二酸化マンガンは、実用的には乾電池の電極として広く使われています。

Mo　モリブデン
―空気中の窒素を使う酵素―

42 Mo

モリブデンは金属です。融点が非常に高いので、高温材料として使われています。実際、モリブデンが溶ける温度（融点）は、2620℃と非常に高く、実用的に使われている金属材料としては、タングステン（3400℃）、タンタル（2980℃）に次いで、3番目に高い融点を持っています。その他、あまり使われない貴金属の高融点金属としては、レニウム（3186℃）オスミウム（3025℃）などがあります。ただし、タングステンやタンタルは、穴をあけたり、ネジを切ったりするときの加工性が悪く、モリブデンのほうが高温材料としてよく使われます。
ところがモリブデンは高融点金属ですが、モリブデンを電気炉の中に入れて、空気中で加熱すると、かなり低温で蒸発してしまうことがあります。金属モリブデンの融点はたしかに2620℃と高いのですが、モリブデンの酸化物の融点や沸点は意外に低いのです。最も安定なモリブデンの酸化物は、三酸化モリブデン（MoO_3）という物質ですが、その融点は795℃、沸点は1155℃しかありません。実際は、三酸化モリブデンを加熱すると、溶ける前に分解して蒸発してしまいます（これを昇華と言います）。その他のモリブデンの酸化物として、中間の組成をもつMo_4O_{11}, Mo_5O_{14}, $Mo_{17}O_{47}$などが知られていますが、これらの酸化物も蒸発しやすい性質を持っています。ですからモリブデンの金属を空気中で加熱すると、表面に次から次へといろいろな酸化物ができて、空気中に飛んでしまうのです。同じように、金属の融点は高いけれども酸化物は蒸発しやすいというものには、タングステンがあります。

さて、金属のモリブデンは、合金の材料として多く使われています。「クロモリ鋼」というのがあります。鉄に少量の「クロム」と「モリブデン」を添加した合金です。以前、クロムのところで、ステンレス鋼に入っているクロムが「さび」を防ぐという話をしました。クロモリ鋼に入っているクロムも、同じようにさびを防ぐ役割をしています。ただ、ステンレスほどたくさん入っていないので、クロモリ鋼は、少しはさびます。一方、モリブデンの方は、強度を増すために使われています。クロモリ鋼は、鉄だけの場合に比べ、はるかに機械的な強度が増しています。この性質により、クロモリ鋼は機械的強度が必要な場所の材料として使われています。身近なところでは、自転車の車軸は、主にクロモリ鋼が使われています。クロモリフレームという呼び方をされることもあります。

モリブデンは金属なので、飲み込んだら害になりそうですが、実はモリブデンは、私たちの体にとってなくてはならない元素です。もっとも、飲み込んでいいのは金属のかたまりではなく、水に溶けたモリブデンのイオンです。モリブデンを含む酵素がたくさん見つかっていて、おしっこ（尿酸）を作るなど、私たちの体にとって重要な役割を果たしています。

植物の生育にとってもモリブデンはいろいろな酵素の原料となることから大切な元素です。なかでも面白い酵素である、「ニトロゲナーゼ」について触れましょう。この酵素は、空気中の窒素をアンモニアに変える役割を果たしています。そのどこがおもしろいのかといいますと、空気中の窒素分子というのは極めて安定で、ほとんど使い物にならない「希ガス」のようなものです。窒素はアンモニアなどに含まれる元素で非常に有用なのですが、空気中に膨大な量ある窒素から作ることは非常に困難です。以前、塩素のところで述べたフリッツ・ハーバーという人が触媒を発明して、人類はやっとこれに成功したのですが、いずれにしても空気中の窒素から何かを作ることは至難の業です。ところがニトロゲナーゼという酵素は、太古から空気中の窒素を使ってアンモニアを作っています。このニトロゲナーゼの中にモリブデンが入っています。マグネシウムのところで述べたクロロフィルのように、やはり金属のモリブデンと有機物の錯体が反応を促進させる中心になっています。

それにしてもこれほど科学が進んでもなかなかできないような化学反応を、自然の生物が太古から行っているというのは驚くべきことです。

N　窒素
―3つの手でがっちり結ばれている―

7N

空気は80パーセントの窒素と20パーセントの酸素からなります。そのうちで、私たちは20パーセントの酸素の方を呼吸してエネルギー源として使っています。窒素の方は、全く使っていません。吸っても、そのまま吐き出すだけです。物が燃えるときも、酸素の方だけを使っていて、窒素はほとんど燃えるという現象にはかかわっていません。

まだ窒素が発見されていないころ、閉じた容器で物を燃やした後に残る気体の中に動物を入れると死んでしまうことはわかっていました。ただ、どうして死んでしまうのかは、長年わかりませんでした。それは、「物が燃える」という現象の本質がわかっていなかったからです。250年以上前のことです。そのころは「熱素（フロギストン）」という仮想の物質が考えられていて、すべての物は、フロギストンと燃えカス（すなわち灰）が結合したものであると思われていました。つまり、物が燃えると言うことは、物質からフロギストンが抜けることだというわけです。

そんな中、1772年に、スコットランドの植物学者であるダニエル・ラザフォード（1749-1819）という人が、容器内で物を燃やした後に残る気体を有毒な気体と名付けました。容器内で生物が死ぬのは、どうやら窒息死であることがわかったので、この残った気体を、ドイツ語の「Sticken」（窒息させる）と「Stoff」

(物質) を組み合わせて、Stickstoffと呼ぶようになりました。日本語の窒素は、どうやらこのドイツ語の訳のようです。ただ、ラザフォードは、フロギストンの存在を信じていたので、フロギストンで生物が死ぬと考えていました。ですから、窒素の発見者というわけではありません。実際に窒素を発見したのは、有名なフランスのラヴォアジェ（1743-1794）です。

さて、前回のモリブデンのところで、空気中の窒素を使ってアンモニアを作る「ニトロゲナーゼ」についてふれました。そのとき、空気中の窒素をつかって何かを合成することが難しいということを述べました。空気は主に窒素と酸素からなりますが、酸素は私たちにとって必要なエネルギー源である一方、窒素の方はいたって安定で、ほとんど反応しません。まるで希ガスのアルゴンのようです。どうして窒素は安定なのでしょうか？それを説明するためには、またしても電子の数が重要です。

窒素の一番外側の電子の軌道には5個の電子があります。2つの窒素原子が近づいてくると図25の左上の図のようになります。アルゴンのところで「オクテット則」について説明しました。復習すると、オクテット則というのは、「原子のまわりに8個の電子があると安定になる」という法則のことです。これは分子の中の原子についても言えます。図25左上の図では、2つの窒素原子の真ん中にある6個の電子を入れると、左側の窒素原子の周り（点線の丸の部分）に8個の電子があるように見えます。右側の窒素原子の周りの電子も8個です。つまり、真ん中の6個の電子は、それぞれの窒素原子が3個の電子を「共有」していることになります。化学結合を表現するときは、左下の図のように、3つの結合で結ばれているように書きます。普通は1つの線で結ばれていますが、窒素は3本の線で結ばれえているので非常に強固な結合です。参考までに、電子が一つ多い酸素の場合を右側に示しました。

:N:::N:　　Ö::Ö

N≡N　　O=O

図25　窒素分子（左）と酸素分子（右）の電子配置

この場合は、2つの手で結ばれています。

ですから、窒素分子の結合を切って、窒素原子にすることは容易ではありません。資源としては、ほとんど無限大と言っていいくらいある窒素ですが、そのままでは使えません。二つの窒素原子の結合を無理やり切って、別の分子にしなければなりません。人類はなかなかその方法を見つけることができませんでしたが、1906年に、以前述べたハーバーとボッシュが、鉄を使って水素と窒素からアンモニアを作る方法を開発して、一気に利用が広まりました。

窒素分子が安定で化学反応しないと言うことは、窒素の利用と言うことでは欠点と言えますが、逆に安定であることを利用した使い道もあります。そのひとつが「液体窒素」です。液体窒素は、空気中の窒素を圧縮して液体にしたもので、ちょっとした科学の実験施設なら作ることができます。液体窒素を使うと、どのくらい冷えるのでしょうか？他のものと比較してみましょう。

氷	0度
ドライアイス	マイナス79度
液体窒素	マイナス196度
液体ヘリウム	マイナス269度

というわけです。氷は水が固まったもの、ドライアイスは二酸化炭素の固まったものですから、窒素もヘリウムもふくめて、すべて人間にとって無害のガスになります。つまり蒸発しても害がないものが、冷やす材料として使われているわけです。さすがに液体ヘリウムの温度が低いですが、前述のとおり、ヘリウムの価格が高く資源も限られているので、液体窒素が工業的には最も使われています。

Na　ナトリウム
──エネルギー問題の解決になるか？──

年をとってくると、健康診断で血圧が高めと言われる人は多いでしょう。ナトリウムが血圧を上げる原因の一つであることはよく知られています。要するに塩分の摂り過ぎです。もっとも、生物というのは海から発生したものなので、私たちの先祖も、もともと塩水の中にいたわけです。ですからどうして塩分をとって悪いのか不思議です。その理由のひとつは、最近の塩が岩塩から採れたものなので、海水から採った塩よりもナトリウムの割合が圧倒的に多いからです。海水の中には、ナトリウム以外に、マグネシウム、カルシウム、カリウムなどのミネラルが多くあります。いわゆる「苦汁（にがり）」成分です。ですから、海水から採れた塩を使っていれば、ナトリウム以外の成分のバランスがいいので、高血圧になりにくいと言われています。ただ、塩田というのは採算が合わないので、もう日本にはほとんどありません。ましてや、安い和食レストランやラーメン店で出す料理には、岩塩が大量に入っています。ですから、これでは高血圧が増えるのも、わかる気がします。

さて、そのナトリウムですが、カリウムと同様に、「Natrium」というのはドイツ語です。元素記号がドイツ語からとったNaなので、ついつい英語の発表でも「ナトリウム」と発音してしまいますが、英語では「ソディウム（sodium）」と言います。ソーダ水と言っても、最近の人はピンと来ないかもしれません。カクテルにある「ソーダ割り」に使うソーダ水ならわかるでしょう。今でも売っているかもしれませんが、昔はれっきとした飲み物として「ソーダ水」を一般的に売っていました。要するに「甘くないサイダー」です。これは水に炭酸が溶けただけのものですから、「炭酸水」と言わなければならないのですが、なぜか「ソーダ水」です。その「ソーダ」という言葉は、ナトリウムの英語読み、「sodium」からきています。というのは、水に炭酸を入れるのに、炭酸水素ナトリウムという塩のようなものを入れるためにこう呼ばれました。ちなみに、ドイツではミネラルウォーターというと、たいていこのソーダ水がでてきます。

お世辞にもおいしいとは思いません。普通のおいしいミネラルウォーターの多くはフランス製です。ドイツでこれを頼むときは「Ohne gas」(ガス抜きで)と言わなくてはなりません。もっともドイツではほとんどの人が食事中にビールを飲みますが・・・

さて、ナトリウムの化合物はたくさんありますが、カリウムなど他のアルカリ金属と同様、単体の金属ナトリウムはほとんど使い道がありません。そんな中で、最近ナトリウムが注目されているものに、「ナトリウムイオン電池」があります。これは二次イオン電池で、以前リチウム(Li)のところで詳しく説明しました。リチウムイオン電池は、携帯電話やノートパソコンの充電型電池とし広く普及しています。最近では電気自動車にも搭載されています。けれども、リチウムという元素は地殻中にわずか0.002パーセントしか入っていません。そのため値段が高く、資源にも限りがあります。そこでリチウムに代わる別の二次電池も研究されています。そのひとつが、「ナトリウムイオン電池」です。ナトリウムは非常に安く、ほとんど無限にありますので、ナトリウムイオン電池は、巨大な電池を作るのに向いています。

ナトリウムは周期律表でリチウムの下にありますし化学的な性質もリチウムと似ていると思われますので、これは誰でも考えそうな話です。ところが実際にはそう簡単ではありません。リチウムに比べてナトリウムを使った電池は、電気をためる能力が小さいのです。これを大きくするために、電池の電極の開発が競われています。

蓄電池になる二次電池の利用法は、もちろん携帯やノートパソコン、自動車などの電源がありますが、もっと大きな利用法は、電気の貯蔵です。電気というのは、石油や天然ガスに比べて、輸送が簡単なので使いやすいエネルギー源ですが、最大の問題は「貯めることができない」ということです。今皆さんが使っている電気は、まさに今発電されたものです。クリーンエネルギーとして太陽光発電、風力発電などが使われ始めていますが、いかんせん夜や風のない日は発電できません。昼や風の強い日に発電した電気をためておけばいいと思うのですが、現在の科学技術をもってしても「大量の電気を貯める」という単純なことができていません。いまだに「揚水発電」といって、電気が余った時に水をくみ上げて高いところに持っていき、電気が必要な時にそれを放出して発電しています。いかにも原始的な方法ですが、これが一番効率的に電気を貯める方法です。

近いうちにナトリウムイオン電池が実用化されれば、日本のように資源の乏しい国にとっては、エネルギー問題の大きな解決になるでしょう。

Nb　ニオブ
―「超」のつくお話―

41 Nb

ひと昔前、若者の間で「超」をつける言葉がはやりました。「チョーかっこいい」、「チョーすごい」、「チョーおいしい」などです。今時こんな言葉を使うと「ダサい！」と言われそうです。実は、科学の世界でも、「超」がはやった時期があります。1980年代のころです。超高温、超低温、超高圧、超微量、超薄膜、など、数え上げたらきりがありません。科学の世界にも「流行語」があって、時流に乗ったこういった言葉を使うと、予算が付きやすいと言うこともあり、有名な先生も、こぞって「超・・・の研究」などの題名で研究を始めました。その火付け役となったのが「超伝導」です。超伝導というのは、電気抵抗がゼロになる現象のことです。物理分野の人は「超伝導」と書きますが、電気工学関係の人は「超電導」と書くようです。ただ、「伝導」というのは、熱伝導などにも使いますので、本当は「超電導」のほうが日本語としては正確ですが、ここでは「超伝導」にします。

1911年、オランダのカメルリング・オネス（1853-1926）という人が、液体ヘリウムをつくり、低温の実験していたところ、たまたまマイナス268.8度で、水銀（Hg）の電気抵抗が突然ゼロになることを発見しました。このカメルリング・オネスという人は、もともとは地球の自転のような、地球物理学の研究をしていた人ですが、あるときから低温の物理に興味を持つようになり、次々と低温の技術を開発しました。ヘリウムの液体化に初めて成功したのもカメルリング・オネスです。1913年にノーベル物理学賞を受賞していますが、その受賞テーマは「超伝導の発見」ではなく、「低温物理学への貢献」でした。つまり、超伝導の発見はカメルリング・オネスの研究にとっては、副産物だったのです。

ところがその後、水銀以外にも、鉛（Pb)、スズ（Sn)、タンタル（Ta)、チタン（Ti)、ニオブ（Nb)、アルミニウム（Al)、バナジウム（V）などの金属元素が低温で超伝導になることが次々に発見され、超伝導は物理学の大きなテーマとなりました。周期律表の元素に限ると、現在では、29種の元素が液体ヘリウム温度で超伝導になることがわかっています。つまり、全元素のうち、約3分の1は超伝導になります。実際は、常温で気体の元素もありますので、固体の元素だけについてみれば、超伝導になる元素の割合はもっと多いでしょう。しかも、高圧にしたり、薄い膜にしたりと特殊な条件にすると超伝導体になる元素もあり、それも含めると、周期律表の元素のうち合計51種類の元素が超伝導になります。元素の半分以上は何らかの条件下で超伝導になると言うことです。つまり、超伝導というのは特殊な現象ではなく、きわめてありふれた現象と言っていいでしょう。

前置きが長くなりましたが、金属元素の中で、最も超伝導になる温度が高いのが、今回述べるニオブ（Nb）です。電気抵抗がゼロだと、送電線などに使えますが、超低温に冷やすというのは大変なことなので、超伝導になる温度が高いほど実用価値があります。ニオブはマイナス263.8度で超伝導になります。ただ、1986年に酸化物で超伝導になる物質が見つかり、現在ではマイナス135度で超伝導になる酸化物も見つかっています。ですから、ニオブのマイナス263.8度という温度は、さして高いとは言えません。けれども、酸化物というのはもろくて壊れやすいので、電線にすることが結構難しく、ニオブの超伝導は、現在いろいろな分野で使われています。実際には、ニオブとチタンを混ぜ合わせた合金（またはニオブとスズの合金）が使われています。

超伝導の一番の利用法は、強力な電磁石です（ここからは電気の話なので「超電導」と書きます)。電磁石というのはコイルに電流を流すことにより磁場を発生させるのですが、電流をどんどん大きくと、コイルが発熱して焼けてしまいます。これは金属といえども電気抵抗があるためです。そこで、このコイルに超電導体を使うと、全く発熱なしに大電流を流すことができます。実際、ニオブチタン合金をコイルに使った電磁石は、リニアモーターに使われています。ちなみにヘリウムのところで説明しましたが、「リニアモーター」という表現は正しくなく、「磁気浮上式のリニアモーター」ですが、ここでは日本語の慣例に従ってリニアモーターと書きましょう。

日本の研究者や技術者は超電導が好きで、実際その技術は世界一です。古くからニオブチタンをコイルに使った超電導磁石によるリニアモーターを開発しています。山梨県で使われているリニアモーターの実験線にはニオブチタン合金による超電導コイルが使われています。ところが海外の方は、もっと安くて確立された超電導でない（常電導という）普通の金属コイルを使っています。ドイツが開発した磁気浮上型のリニアモーターがそれで、中国でもすでにドイツ方式が実用化されています。上海空港から上海市内に走るリニアモーターは時速 430 キロを出します。超電導と常電導に関しては、経済性、安全性、将来性など、どちらがいいのかは非常に難しい問題です。ただ、日本の超電導方式だと、液体ヘリウムを使って電車に積んだコイルを超低温に冷やさなくてはなりません。ですから技術的にも経済的にもかなり難しい点は否めません。先ほど述べた酸化物超伝導体などを使った、もっと高温まで使える超電導コイルの開発も行われています。それでも液体窒素を使って冷やさなくてはなりません。室温で超伝導になる物質が見つかれば、大発見です。多くの科学者がこれに挑戦していますが、いまだに発見されていません。いったい「室温超伝導」はあるのでしょうか？

Nd　ネオジム
―最強の磁石―

60 Nd

「ネオジム」とはちょっと変わった名前です。ここでは「ネオジム」と書きましたが、これは正しくありません。というのは、英語は「neodymium」なので、カタカナでは「ネオジミウム」と書かなくてはなりません。なかには「ミ」がぬけて、「ネオジウム」などと表記する人もいますが、これは間違いです。なんだか名前がはっきりしないかわいそうな元素です。研究者の間では、略して「ネオジ」などと呼ばれています。

もっとも、元素の日本名というのは、最初に書いた人の習慣がなんとなく続いているのが現状です。たとえば、前回述べたナトリウム（Na)、カリウム（K）などはドイツ語からとっていますし、ウラン（U）もドイツ語です。英語では「ユレーニアム（uranium)」と聞こえます。ネオジムの場合も、ドイツ語がNeodymなので、おそらくドイツ語の発音をとって「ネオジム」としたのでしょう。

さて、そのネオジムですが、何回も出てきた「ランタノイド（希土類)」の元素です。ですから「色」に関係した光学材料や「磁石」としての応用がたくさんあります。ただ、ネオジムの産出国はほとんどが中国なので、中国がレアアースの輸出を制限してからネオジムの価格が急騰しました。したがって、現在はネオジウムを使わない材料も開発されています。

ここでは、最も有名な「ネオジム磁石」について触れましょう。これは永久磁石の中でも、最も強力な磁石です。このネオジム磁石は、ネオジムを含んだ合金で、1982年に日本人の佐川眞人（1943-）によって発明されました。現在では、コンピューターのハードディスク、携帯電話、ハイブリッド車、病院の診断用MRIなどに広く使われています。まさに日本発の世界的な技術です。このネオジム磁石は、私も使ったことがありますが確かに強力です。5センチ角くらいの磁石でしたが、2つの磁石がいったんくっつくと、はがすのには相当な力がいります。磁石の間に指を挟まれると、ケガをすることもあります。こういった強力な磁石を体に近づけるのは体に良くないといわれています。人体に対する磁気の影響というのは、研究されてはいますが、あまりよく分かっていません。ただ、携帯電話などに使われているネオジム磁石は、極めて小さいものなので、問題はないでしょう。

ところで、なぜネオジム磁石は強力なのでしょうか？実はこういう材料の発見というのは、研究者の直観や経験に依存することが多く、あとからいろいろな学者がもっともらしい理屈をつけていく場合が多いので、実際のところその正確な理由はわかっていません。この点に関しては、ネオジム磁石の発明者である佐川眞人氏自身が書いておられることが参考になります。それは次のようなことです。

まず元素の中で磁石になるのは、鉄（Fe）、コバルト（Co）、ニッケル（Ni）と、希土類のネオジム（Nd）、サマリウム（Sm）、ディスプロシウム（Dy）などです。その中で、ネオジム磁石発見前の最強の磁石はサマリウムとコバルトでできた磁石（SmCo 磁石 ）でした。ほとんどの人が、この SmCo 磁石を競って開発していました。佐川氏自身も会社からの命令で、SmCo 磁石の開発に携わっていました。ただ、常識的に考えて、最も一般的な磁石はコバルトよりも鉄です。しかも資源的にみても鉄は無尽蔵にあります。ところが、希土類と鉄の組み合わせた合金は磁石になりません。そこで、なぜ希土類と鉄の合金が磁石にならないのか考えたそうです。これについては、いろいろな学者が理屈をつけていましたが、あるとき高名な学者の講演で、「希土類と鉄の磁石の場合は、鉄と鉄の原子間距離が近すぎるから磁石にならない」という話を聞いて、「それなら、第３の元素を加えて、鉄と鉄の原子間距離を大きくすればいいのではないか！」とひらめいたそうです。そこで炭素（C）やホウ素（B）を第３の物質として加えた、ネオジム（Nd）- 鉄（Fe）- ボロン（B）の組み合わせによる超強力な磁石が発明されました。学者の言うことが一応は役立ったわけですが、この学者は、希土類―鉄の合金がダメな理由を説明しただけで、「では、どうすれば鉄を含む磁石ができるか」というところまで考えが及ばなかったわけです。定説や常識を覆して新しいものを発見するのには、やはり一人の研究者の「直観」が重要です。

Ne　ネオン
——郷愁をそそられる「ネオン街」——

10 Ne

「ネオン街」などと聞くと、私はちょっと怪しげな街を想像してしまいます。郷愁をそそられる方もいるかもしれません。ネオン（Ne）を使ったランプは今ではLEDに代わり、ほとんど使われていませんが、「ネオンサイン」という言葉は今でも残っています。このネオンランプは、正確にはネオン管と言います（ネオンランプは、もっと小さなランプを言う）。ネオン管は、ガラス管の中に低圧のネオンが入っていて、その中の電極に1000ボルト以上の高電圧をかけて放電させるものです。高電圧で放電させるという点では、普通の裸電球よりも、蛍光灯に近いものです。純粋なネオンだけが入ったネオン管から出る光は、赤みがかったオレンジ色をしています。ネオンサインの色がいろいろとあるのは、中に入れるガスをネオンだけでなく、ヘリウム、窒素、水銀などに変えているからです。ネオン以外のガスが入っていても、慣用的に「ネオン管」と言っています。ちなみに、同じような構造のガラス管の中にアルゴンと水銀を入れたものが蛍光灯です。

ネオン管の歴史は結構古く、フランスのジョルジュ・クロード（1879-1960）という人が、1910年にパリで発表しました。エジソンが白熱電球（いわゆる裸電球）を発明したのが1894年ですから（ただし発明者はエジソンではないという説が主流）、それから16年しかたっていません。都会のイルミネーションを彩るネオン管が発明されたことにより、「都市」のイメージが全く変わりました。夜は暗いものという概念がなくなり、都会の夜は色とりどりの光で輝くようになりました。まさに「ネオン」という元素は、都市を変えたと言っていいでしょう。

最近、ネオン管が少なくなったのは、もちろんLEDの発明によるところが大きいのですが、実はそれ以前にも問題がありました。それは価格です。周期律表を見ると、一番右の希ガスのところは、上からヘリウム→ネオン→アルゴン→クリプトンと続きます。同じ列の元素の場合、だいたいにおいて下に行くほど、資源が少なく値段は高くなっていくものなのですが、希ガスの場合はそうでもありません。ちょっとあるメーカーの現在の価格を調べてみたら、1リットル当たりの値段は、

ヘリウム　19円
ネオン　300円
アルゴン　19円

でした。ネオンがいかに高いかがわかります。これはすでに、ヘリウムとアルゴンのところで説明しましたが、ヘリウムは地殻中にあるウラン、ラジウムなどの放射性元素から出るアルファ線によるものであり、アルゴンは岩石中にある放射性カリウム40から生成します。つまり、ヘリウムとアルゴンは、地球上で常に生成しているわけです。ですから資源としても多くあり、値段も安くなっています。ところがネオンは常に生成されているわけではなく、地球ができたときに存在していたネオンがそのまま残っているだけと考えられています。地球ができたときの元素組成というのは、基本的に太陽の組成に近いと考えられます。ただし、地球は太陽に比べて重力が小さいので、軽いガスは、どんどん地球の外に逃げていったと考えられます。窒素や酸素は化合物として残る可能性がありますが、希ガスは化合物を作らないので、結局最初にあったネオンは、ほとんどが逃げて行ってしまったと思われます。実際空気中のネオンの濃度は、0.0018パーセントしかなく、アルゴンの1パーセントに比べて圧倒的に少なくなっています。

Ni　ニッケル
――へこんでも元に戻る車体――

28 Ni

英語に限らず外国語というのは難しいものです。学校できちんと単語や文法を習ったとしても、その国独特のスラングや慣用表現があり、それらに慣れるまではなかなか意味が分かりません。

今回とりあげた「ニッケル」ですが、アメリカで買い物をしていて「nickel」と言われても、知らない人は何のことかわかりません。実はこれは５セント硬貨のことです。もっともアメリカはカード社会で、あまり硬貨を使うことはありませんし、そもそも５セントなどという「はした金」を扱うことは少なくなっています。チップであげてしまうかもしれません。しかし昔は、アメリカの公衆電話が５セントだった時期が長く続き、「ニッケル」という言葉は、ごく日常的に使われていました。これはもちろん５セント硬貨にニッケルが使われていたからです。

日本の硬貨にもニッケルが使われています。五十円硬貨、百円硬貨、五百円硬貨は銀色をしていますが、これは銅とニッケルの合金で、「白銅」とよばれているものです。実は日本では、純粋にニッケルだけの硬貨も、かつて発行されていました。以前は「磁石にくっつく硬貨」として、50円玉がありました。現在の50円硬貨よりも一回り大きく、磁石に近づけると確かにくっつきました。

ニッケルは、融点が高い、硬い、銀色に光る、さびにくい、などの性質を持つため、合金の成分として使われることが非常に多い金属です。そのなかでも、最近最も注目されているのが、「形状記憶合金」と呼ばれているもので、チタン（Ti）とニッケルの合金がその代表的なものです。普通の金属は、押したり叩いたりして形を変えると、元に戻りません。自動車をぶつけると車体がへこんでしまい、これを直すのには、手間とお金がかかります。へこんでも自然に戻ったら楽ですね。もっとも、ぶつけてへこんでも元に戻る車などというのを皆が乗り出したら、事故が増えるかもしれませんが・・・。ところがこういった車も現在開発されています。へこんだところを、ちょっと加熱すると元に戻るのです。その車体が「形状記憶合金」でできています。どうして元に戻るのでしょうか？

簡単にいうと、普通の金属が厚手の紙で、形状記憶合金は「屏風」のようなものと考えていいでしょう。厚手の紙は、折ってしまうと元に戻りません。折った状態の屏風は、広げることができます。加熱するというのは、何らかのエネルギーを与えるわけですが、加熱によって、伸びた屏風が元に戻るエネルギーを与えられるといいでしょう。実際は、最初に折ってあった屏風の折り曲げた角度が、その屏風にとって一番安定な角度なのです。ですからエネルギーを与えるだけで、最初の角度に戻るのです。

形状記憶合金は、先ほどの車の車体以外にも様々な応用があります。車体の場合は、「温度を上げて元に戻す」ということでしたが、逆に、「温度が上がると変形し、温度が下がると元に戻る」という性質を使うこともできます。たとえば、エアコンの場合、冷房のときは冷たい空気は重いですから冷気は上に行った方がよく、暖房のときは逆に暖気は下に行った方がいいので、風向きを変える板に形状記憶合金を使えば、自動的に風向きを変えられます。また、ドリップ式コーヒーメーカーのドリップするところの弁にも使われています。普段は閉まっている弁が、お湯が沸いて温度があがった時だけ開くようにすれば、自動でコーヒーが作れます。私にはその良さがよくわかりませんが、女性のブラジャーなどにも使われています。体温で温度が上がると女性の・・・にフィットした形に変形するというものです。なかなか人類というのは、快適な暮らしを求めていろいろな発明をするものです。

Np　ネプツニウム
―セーラームーン―

93 Np

この本では、天然に存在する原子番号 92 番のウランまでを取り扱う予定でした。ただしウランのひとつ上のネプツニウム（Np：原子番号 94 番）と、ふたつ上のプルトニウム（Pu: 原子番号 94 番）は、原子力分野で重要な元素で、どうしても外せないので触れさせていただきます。まずはネプツニウムです。

ひと昔前、女の子がテレビの「セーラームーン」に夢中になっていた時代がありました。今は放送されているのかどうか知りませんが、そこに出てくる美少女が変身する戦士の名前に惑星の名前がついているのです。その中に「セーラーウラヌス」、「セーラーネプチューン」、「セーラープルート」という名前がありました。これは天王星（ウラヌス）、海王星（ネプチューン）、冥王星（プルート）にちなんだ名前です。これらは元素名になっていますが、ちょうどこの順で原子番号の順番になっています。ウラン（U）、ネプツニウム（Np）、プルトニウム（Pu）です。ですから当時の女の子は、「ウラヌス」、「ネプチューン」、「プルート」という言葉をよく知っていました（ただし、ネプツニウムが何かを知っていたかどうかは、よくかりませんが・・・）。ちなみに、海王星、ネプチューンの名は、ローマ神話にでてくる海洋の神の「ネプトゥーヌス」に由来します。ローマ神話とギリシャ神話では、それぞれ名前が違っていて、ネプトゥーヌスはギリシャ神話では「ポセイドン」と呼ばれています。

さてネプツニウムは、アクチニウムのところで述べた「アクチノイド元素」のひとつです。アクチノイド元素の中でもウランより原子番号が大きい元素を、ウランを超えるという意味で「超ウラン元素」と言うこともあります。超ウラン元素は人工的に作られた元素と言うことになっていましたが、実は天然にもわずかに存在することがわかってきました。ネプツニウムの場合も、最初に発見されたのは、ウランに中性子を当てることによって人工的に作られたものです。その後、ウラン鉱山のなかに、ごく微量の天然のネプツニウムがあることがわかりました。

ネプツニウムはいろいろな質量のもの（同位体という）がありますが、すべて放射性物質です。つまり放射線を出します。ですからネプツニウムを使った研究をするためには、特殊な施設が必要です。一般的に、超ウラン元素というのは、人工的に作られるので、非常に量が少ないのですが、このネプツニウムは原子力発電所などの原子炉の中に、かなり多くあります。原子炉の燃料の中で質量数が 238 のウランに中性子が当たると、その中性子がウランに取り込まれます。それだけだと質量数が 239 のウランになるだけですが、これが不安定で、ベータ崩壊という過程で質量数 239 のネプツニウムになります。

ネプツニウムの中で最も半減期が長い（つまり安定であるという意味）核種は、質量数が 237 のネプツニウムです。実はこのネプツニウム -237 は核分裂を起こすことがわかっています。現在の原子力発電所の燃料は、ウラン 235 やプルトニウム 239 ですが、将来的に、ネプツニウム 237 を原子炉の燃料として使うことも検討されています。

ネプツニウムは超ウラン元素のなかでは比較的量が多いので、プルトニウムとともに、物理化学的な性質がよく分かっている元素です。実際に、ネプツニウムの金属も作られています。ただし、放射性であると言うことで、私たちの生活に役に立つネプツニウムの利用法というのは、あまりありません。科学の分野では、中性子の検出器として使われるくらいです。

このように、あまり利用法のないネプツニウムです。むしろ逆に、原子力発電所の高レベル廃棄物の中にあるネプツニウムから出る放射線をどう処理したらいいかの方が問題です。なにしろ、ネプツニウム 237 の半減期は 200 万年以上もあるので、そんなに長く廃棄物を管理するのは不可能です。そもそも人類がそんなに長く続くかどうかもわかりません。

これに関してはいくつかアイディアがあります。ひとつは、ウランと一緒に原子炉で「燃やしてしまう」という方法です。先ほど述べたとおり、ネプツニウムは核分裂しますから、ウランと一緒に核分裂させてしまえば、エネルギーも取り出せるし、ネプツニウムもなくなるというわけです。ただしこれには、エネルギーの高い中性子が必要です。これは「高速炉」と言われているものですが、安全性にまだ問題があり、実現していません。

もう一つのアイディアは、原子炉ではなく、比較的安全な「加速器」というものを使って、放射能を持つ原子を、放射能を持たない原子や、半減期の短い原子に変えてしまう方法です。加速器というのは、原子炉と違って電気を使ってエネルギーの高い放射線を出す装置です。加速器にはいろいろなタイプがありますが、この目的に一番合っているのは、中性子をビーム状に発生させる加速器です。まず放射性廃棄物をいろいろな元素に分離したあと、それぞれの原子に合った中性子ビームを照射します。その原子が中性子を吸収して安定な原子や半減期の短い原子に変われば、廃棄物の量を減らすことができます。この方法は、最近福島原子力発電所の事故で問題となっている放射性セシウムや放射性ストロンチウムなどにも適応できそうです。ただ、まだまだ技術的に確立していないうえ、加速器を使うには膨大なエネルギーがいるので、経済性の問題もあり、実現には時間がかかりそうです。

O　酸素
―なぜ反応しやすいか？―

8O

私たちは、酸素（正確にいうと「酸素分子」）がなければ数分も生きていられません。毎日無意識のうちに酸素を呼吸しているので、とりたてて酸素に感謝する人はいないでしょう。けれども、よく考えてみると、水や食べ物と同じように、酸素は重要です。私たちは、もっと酸素に感謝してもいいと思います。ただ、水や食べ物はなくなってしまったり、汚染してしまったりする恐怖がありますが、酸素はそのようなことはないと考えられています。

ところが非常に長い年月で見ると、酸素の濃度というのは大きく変化してきました。地球ができてからの大気の組成の変化を図26の左側に示します。この縦軸はログスケールといって、10倍ずつで等間隔になっています。どうやら、まだまだ酸素は増えていくようにも見えます。もう少し短い年月の変化を右に示しました。これを見ると、1億年くらい前は、今より酸素濃度が高く、現在は減っているように見えます。したがって、この分だと、今後酸素濃度が減っていって「酸欠」状態になり、もしかすると人類が滅びる可能性もあります。まあその前に、別の原因で人類が滅びる可能性が高いので、心配することはありません。

さて、意外に知られていないことですが、地球全体の元素組成で、一番多いのが酸素（原子）です。宇宙全体の元素組成としても、水素、ヘリウムに次いで、3番目に多いのが酸素です。地球の酸素原子はもちろん太陽系ができたときのものです。酸素より原子番号が小さいリチウム、ベリリウム、ホウ素、炭素、窒素などより酸素が多いのは、酸素の原子核が安定だからです。これだけ多い酸素（原子）ですが、地球では、ほとんどが酸化物として金属元素やケイ素と化合しているか、水の形で存在ししています。地球と同じくらいの大きさの他の惑星（金星、火星）も同じようなものです。酸素分子として存在する酸素は非常に少ないのです。その理由は、簡単にいうと酸素原子が非常にマイナスになりやすいからです。周期律表を見ればわかる通り、かなり右の方にあります。酸素のさらにひとつ右のフッ素（F）は、以前述べたとおり、すべての元素の中で最もマイナスになりやすい元素です。つまり酸素原子は、なにか近くに原子があると、強引にプラスマイナスの電気的な力でくっついてしまいます。水素はプラスにもマイナスにもなる原子ですが、酸素は強引に2つの水素原子をプラスにしてしまい、H_2O という安定な水になります。

ところが、大気に限ってみると、地球だけに酸素分子があり、金星、火星にはありません。これは、植物が光合成により水と炭酸ガスから有機物を作り酸

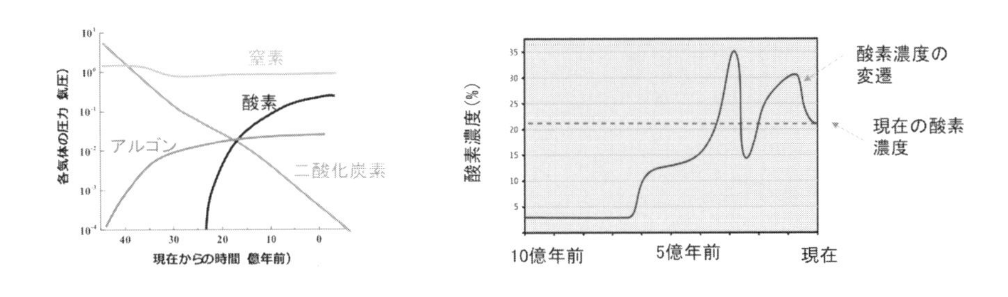

図26　大気中の酸素濃度の変化

素ガス（酸素分子）を出すからです。私たちはこの酸素ガスを吸って生きています。物が燃えるというのも、この酸素分子と物が反応するためです。先ほど酸素原子がマイナスになりやすいので他の原子と結合しやすいと述べました。しかし、酸素分子は全体として中性のはずです。では、酸素分子がこのように反応しやすいのはなぜでしょうか？

このことを説明するには、窒素のところで出てきた図と同じものをもう一度出すのがいいでしょう。図27を見てください。まず左の図を見てみましょう。酸素原子は、外側の軌道に電子が6個あります。左の酸素の電子は青、右の酸素の電子は黄色で描いてあります。この2つが近づくと、真ん中で2つずつの電子を共有して二重結合のようになり酸素分子ができます。オクテット則から、ひとつの酸素原子の周りには8個の電子があります。点線の丸で示した部分です。ですから、普通は左下の図のように、二本の線を書きます。

ところが、この説明だと、酸素分子の反応性が高いことが全く示されていません。実はこの図は正しくないのです。このことを説明するには、分子軌道法という量子化学の計算をしなくてはなりません。ただそれには難しい式がたくさん出てきますし、コンピューターも使わなくてはならないので、ここでは、もっと簡単に説明しましょう。

右の図を見てください。これが実態に近いと思います。実は酸素と酸素の間は3つずつの電子が共有されていて、三重結合のようになっています。これだけだと、窒素分子と同じように強固な結合で安定です。ところが、酸素は窒素より電子がひとつ多いですから、もうひとつの電子の行き場所がなくなって、ポツンとひとりぼっちになります。ひとりぼっちの電子を赤で書きました。このひとりぼっちの

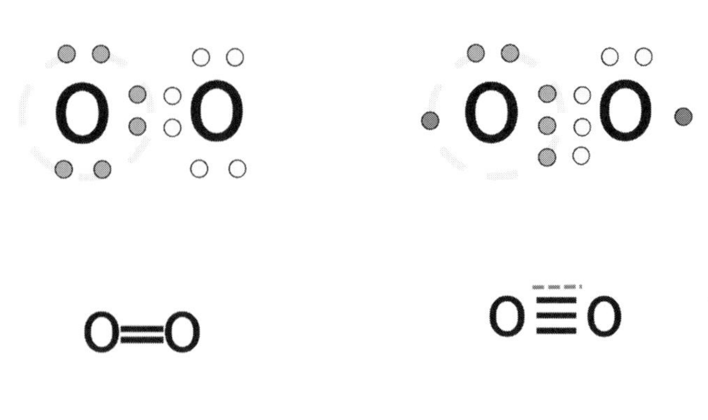

図27　酸素分子の電子配置と結合状態

電子は左の酸素と右の酸素の両方にあります。実は、この赤い電子がいる軌道というのが、結合を逆に弱める性質を持っているのです。ですから、右下の図のように、酸素と酸素は三重結合から、一つ結合を引いたもの、つまり二重結合と同じような強さになり、窒素分子より切れやすくなります。もう一つ重要なのは、赤い電子が２つありますが、この２つの電子が、どちらもひとりぼっちであるということです。電子というのは、２つでペアを作って軌道に入ると安定化しますが、こういったひとりぼっちの電子というのは、ペアになる電子を求めて動き回ります。つまり反応性が高いと言うことです。これが、酸素分子の反応性が非常に高い理由です。少々長くなりましたが、原子や分子の反応性というのは、こういった電子の軌道からある程度推測することができます。

Os　オスミウム
──最も重い元素──

76 Os

オスミウムは白金の仲間で、れっきとした金属です。金、プラチナなどのように装飾に使うことができますが、いかんせん産出量が少なく、価格も非常に高価です。どのくらい高いのか、ちょっと見てみましょう。金属の価格というのは変動していますし、装飾品として使う場合は、純度やきれいさによってだいぶ違いますが、1グラム当たりの値段は、2014年現在、だいたい次のようになっています。

オスミウム	(Os)	59.9 US$	パラジウム	(Pd)	24.0 US$
金	(Au)	38.6 US$	イリジウム	(Ir)	18.6 US$
プラチナ	(Pt)	37.2 US$	銀	(Ag)	0.5 US$
ロジウム	(Rh)	37.1 US$			

いまの円相場で計算すると、オスミウムは1グラム当たり、何と7000円近くもします。こんな高い金属ですし、資源も限られていますので、あまり実用的には使われていません。一昔前、オスミウムとイリジウムの合金が、万年筆のペン先に使われていたくらいです。

ところで、金属オスミウムは全元素の中で、最も密度（比重）が大きい物質として知られています。1立方センチの重さが22.6グラムもあります。鉛が1立方センチ当たり11.36グラムですから、なんと鉛の2倍の重さがあります。ではなぜ、オスミウムの密度が一番大きいのでしょうか？

密度とは要するに、1立方センチ（サイコロくらいの大きさ）の中に、「どのくらいの重さの原子を何個詰め込めるか？」ということです。1個の原子の重さが重いほど、また詰め込むことができる原子の数が多いほど、密度が大きくなるわけです。

そこでまず、原子をボールと考えてみましょう。箱の中にボールを詰めることを考えます。パチンコをやったことがある人なら、玉の数を数えるときに使う道具を思い出すといいでしょう（もっとも、最近は機械で数えるでしょうが･･･）。一番たくさんボールを入れる方法は、どのような方法でしょうか？図28に上から見た図を示します。まず、一番底の一列目ですが、一番たくさん入るのはボールが蜂の巣のように六角形状に入る方法です。Aと書いた層です。その上に2列目のボールを置いてみましょう。その時は一列目の3個のボールの真ん中に置くのがもっとも隙間が小さいことがわかるでしょう。そこに2列目のボールを置いていくと、これまた六角形の蜂の巣状になります。Bと書いた層です。またその上に3列目を置いていくというように、どんどん詰めていくと、もっとも隙間のない詰め方になります。専門的に

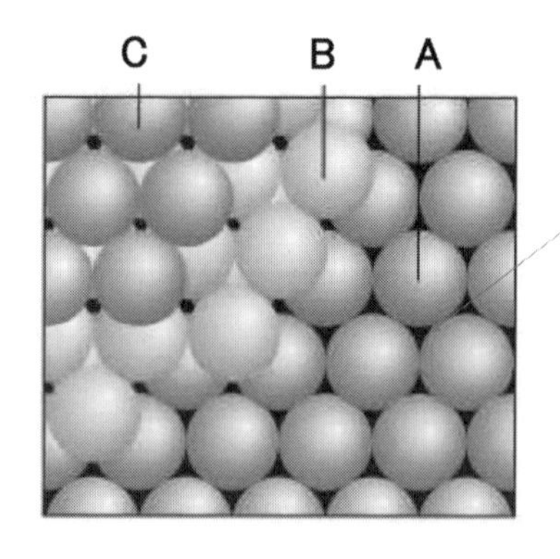

図28　箱の中にボールを詰める方法（上から見た図）

はCと書いた3層目をどう置くかによって、違いがあるのですが、いずれにしても、この詰め方でどのくらいボールが入るかと言うことは計算できます。実際に、この詰め方だとボールと隙間の割合は、0.74対0.26であることがわかっています。つまり空間の74パーセントがボールで満たされていることになります。ですから、まずこの最も密な詰め方をしている元素が、大きな密度を持つといえます。実際固体のオスミウムは、原子がこの並び方で詰まっています。

次に「何個詰め込めるか？」ということを見てみましょう。これはボールの半径によるでしょう。半径が小さいほど、たくさん入ります。ボールの半径というのは、「原子の半径」です。オスミウム原子の半径は、0.126ナノメートル（1ナノメートルは、1メートルの10億分の1）です。軽い元素では、これより小さいものがありますが、オスミウムの原子半径は、たしかにまわりの重い金属元素のかなでは、最も小さくなっています。というわけで、金属オスミウムの密度は、世の中で最も大きくなっています。

P　リン
――受験生も大変！――

15 P

「人魂（ひとだま）」を見た人はいるでしょうか？夜、お墓などに出没するそうです。日本だけでなく、ヨーロッパにもあるそうです。怖いですね。でも、わたしは人魂を見たことがありません。もし実際に見た人がいたら教えてください。

「人魂が出る」と信じている人の間では、なぜ人魂が出るのかと言うことに関して、いろいろと議論があります。最も多い説は、「リンが燃えるからだ」という説です。昔のお墓は土葬ですから、死体が腐っていろいろな有機物が地面の中からでてきます。その中にリンがあり、それに何かの拍子に火がついて燃えて光るというものです。しかし、リンが燃えるのは、元素のリンです。実際のリンというのは、空気中にあると、すぐに酸化して五酸化リンという安定な物質になってしまい、燃えません。ですから、リンが燃えて人魂が出るという説は、若干あやしいようです。その後、メタンが燃えるのではないかとか、プラズマが光るのだとか、いろいろな説がでましたが、まだ解明されていません。もっとも人魂を信じない科学者は、こういった研究を「トンデモ科学」といって無視する傾向にあります。もしかすると人魂はホタルの光を見ただけかもしれません。

さて、死体からリンが出ると言いましたが、それは本当で、リンは私たちの体にとって、なくてはならない元素です。リンは、人間を構成する元素としては、酸素、炭素、水素、窒素、カルシウムについて６番目に多い元素です。カルシウムが多いのは骨があるからですが、骨の成分は主に「リン酸カルシウム」($Ca_3(PO_4)_2$)です。ですから人間の体の中にあるリンは、主に骨から出るリンと言っていいでしょう。

もうひとつ、人間の体の中でリンは重要な部分に使われています。それはDNAの骨格です。DNAというのは、遺伝子をつかさどる分子で、有名な二重らせん構造をしています。そしてその骨格を作る部分がリン酸という、リンと酸素の化合物でできています。つまり、リンはDNAの骨格を作る最も重要な役割を果たしています。ですからリンは私たちにとって必要な元素というより、リンがなければ、生物そのものが成り立ちません。なぜ、DNAの一番重要な骨格がリン酸なのでしょうか？そんなことを聞いても、「神が生物をそういうふうに作ったのだから」といわれてしまえば、それまでのことです。

ただ、ちょっと神の立場から言うと、それはリン酸が非常に安定だからではないかと思います。二重らせん構造は、遺伝子の情報をコピーするには非常にいい構造なのですが、１本の鎖の骨格は、バネのような渦巻き状の１次元構造でなければなりません。そういった構造の骨格は、炭素やケイ素でもできます。炭素だとポリエチレン、ケイ素だとポリシランといったポリマーがそれで、実際、バネのような形をした「らせん構造」をとることもできます。こういう構造を「ヘリカル構造」といいます。ただ、他にも安定な構造があって、それらはペアを組むことはできません。またポリエチレンなどは、たいていの場合、あっちへ行ったり、こっちへ行ったりと、「とぐろ」を巻いてしまいます。ところがリン酸を使うと、水の分子が適当に挟まって、一定の方向に伸びていき、安定なヘリカル構造をとります。また、リン酸という物質が、熱や放射線に対して非常に安定であると言うこともあります。もうひとつ、簡単なことですが、炭素で骨格を作ろうとすると、生物の分子のほとんどが炭素でできていますから、その中から特殊な炭素をとりだして骨格を作らなければなりません。その反応を起こすことが難しかったのでしょう。リンだと、元素が違いますから、比較的簡単に取り出すことができます。ちなみに、リンは、ヌクレオチド、ATPといわれている物質にもつかわれていて、これらは、私たちのエネルギー源にもなっています。

さて、さきほどリンは非常に酸化されやすいと述べました。逆にいうと原子状のリンというのは、瞬時に爆発的に酸素と化合します。この性質を使ったのが、マッチです。もっともマッチは最近あまり見かけなくなりました。

リンが燃えると、五酸化リン（P_2O_5）になります。この化合物は、リンがプラスの5価（+5）になっています。つまり、リンは燃えると、0価から一気に5価まで酸化します。ところが、リンにはその中間の原子価も結構あります。以前塩素のところで、ややこしい名前について述べましたが、リン酸も原子価によって結構ややこしい名前がついています。

+5価	PO_4	リン酸	phosphoric acid
+3価	PO_3	亜リン酸	phosphorous acid（または、phosphonic acid）
+1価	PO_2	次亜リン酸	hypophosphorous acid（または、hypophosphoric acid）

昔の人は、結構凝ったネーミングをしたものです。ただ、これはちょっと受験生の頭を悩ませそうですね。右に英語を書きましたが、英語圏の受験生も大変のようです。「フォスフォリック？フォスフォニック？？フォスフォラス？？？」いったいどれが正しいのでしょう？聞いても誰もわからない厄介な元素です。

Pa　プロトアクチニウム
──偉大な女性科学者「マイトナー」──

91 Pa

　またしても、聞いたことない元素が出てきました。アクチニウムは、この本の最初にでてきました。それに「プロト」がついただけです。この「プロト（protos)」というのは、ギリシャ語で、「最初の」とか「初期の」、という意味です。つまり「アクチニウムになる前の元素」という意味です。これは、プロトアクチニウムのなかで最も半減期の長い質量数231のプロトアクチニウムがアルファ線を出すとアクチニウムに変わることから、そのように命名されました。まさに直接的な命名です。最初はproto-actiniumと呼ばれましたが、そのうちにoが略されて、protactiniumとなりました。ですから読みは「プロタクチニウム」なのですが、日本語の方はいまだに正確に、「プロトアクチニウム」と言っています。このプロトアクチニウムは第一次世界大戦中の1918年に、ドイツのオットー・ハーン（1879-1968）によって発見されました。オットー・ハーンは若いころ、イギリスやカナダでトリウムやラジウムの研究をしていました。実際トリウムやラジウムの中のいくつかの同位体を発見したのはハーンと言っていいでしょう。その後ベルリンに移り、以前述べたフリッツ・ハーバー（空気中の窒素からアンモニアの合成に成功したことで有名）のもとで研究を行います。第一次世界大戦中ということもあり、フリッツ・ハーバーの指導の下に、毒ガスの製造などの軍事研究に携わっていました。

　この時ハーンは、オーストリアの女性科学者であるリーゼ・マイトナー（1878-1968）と知り合い、ともに研究を始めます。ハーンが化学者、マイトナーが物理学者だったので、相補って研究はおおいに進みます。マイトナーはユダヤ人で（その後改宗）当時では珍しい女性科学者ということもあり、いろいろと差別を受けたのですが、オットー・ハーンはそのような差別はせず、一緒に研究を続けます。そしてまさに第一次世界大戦中の1918年に、2人でプロトアクチニウムを発見しました。この業績は、当時としてはノーベル化学賞にも十分値するくらいの発見でしたが、その時は、ノーベル賞はもらえませんでした。このとき2人がノーベル賞をもらっていれば、これから述べる話は全く違った展開になったでしょう。ここから話は思わぬ方向に展開します。

その後、マイトナーはその業績が認められ、独立して研究を始めます。ナチス政権の時代になり、ユダヤ人であるマイトナーは亡命を余儀なくされます。そして命からがらドイツを脱出し、スウェーデンのジーグバーン（1886-1978）という有名な科学者のもとで研究を始めます。このような間にも、マイトナーは次々と大発見を続けます。そして最も力を入れた研究が、ウランに中性子を当てて新しい元素を作るという実験です。これは、アメリカに亡命していたフェルミが始めたものです。フェルミは、ウランのように重い元素に中性子を当てれば、その中性子が原子核に入り、もっと重い元素を人工的に作れるのではないかという発想のもとに、次々といろいろな元素に中性子を当てる実験をしていたのです。ところがその時、ドイツにいるハーンから「ウランに中性子を当てる実験をしていたのだが、どうもバリウムのようなものができたらしい」という手紙を受け取ります。これは当時の常識では考えられないことです。周期律表を見ればわかる通り、ウランは原子番号が92番ですが、バリウムは56番と、全く離れています。中性子を当てると、せいぜい原子番号がひとつ増えるくらいです。

普通はこういった予想外の実験結果が得られたときは、科学者は何かのミスであるかどうかを疑います。しかしその手紙を受け取ったマイトナーは、かつての同僚であるハーンの化学者としての技量を知り尽くしていたので、彼が間違えるはずがないと確信し、いろいろ考えます。そこで思い付いたのが「核分裂」です。中性子を当てることにより、ウランが2つに割れる、と考えたのです。こうして世紀の大発見がなされました。これは化学者のハーンと、物理学者のマイトナーの共同作業の成果と言えます。ところが1944年のノーベル化学賞は、ハーンだけに与えられ、マイトナーは受賞できませんでした。その理由については、女性であること、実験に立ち会っていないこと、推薦人の評価が低かったことなど、いろいろと説がありますが、真相は不明です。

ちなみに現在マイトナーは、原子番号109番の人工元素、マイトネリウム（Mt）にその名を残しています。一方のハーンは、原子番号105番の元素の名前（ハーニウム）としていったんは候補になりましたが、結局採用されませんでした。

もし、マイトナーが最初の大発見といえる「プロトアクチニウムの発見」でノーベル賞をもらっていれば、そのようなことはなかったでしょう。いずれにしても、マイトナーはキュリー夫人に勝るとも劣らない偉大な女性科学者と言えます。

Pb　鉛
―大和言葉の元素―

82 Pb

元素名には、漢字で書くものがたくさんあります。水素、酸素、窒素など英語やドイツ語を直訳したものや、金、銀、銅など、古来から使われている金属に漢字を当てて元素名にしたものもあります。けれども、こういった漢字で書かれた元素名は、音読み、つまり中国式の読み方をしています。金、銀、銅など１文字の元素は中国語と言ってもいいでしょう。実際、「金」は中国では「チン」、韓国では「キム」と発音しますから、「きん」と本質的に同じです。

ところが、鉛の音読みは、鉛筆の「エン」なので、鉛（なまり）という元素の名前は、訓読みです。「なまり」というのは、柔らかい金属という意味の古い言葉である「生まり（なまり）」からきていると言われています。つまり、「なまり」というのは日本古来の大和言葉です。大和言葉が元素名になっている例はほとんどありません。そのほかに思いつくのは、錫（すず、Sn）くらいです。ちなみに、錫の方は、「鈴」の音からきているようですが、確かなことはわかりません。

鉛が大和言葉であると言うことは、鉛が古来から日本で使われていたことを示しています。実は７世紀末の飛鳥時代から、金や銀を製錬するときに鉛が使われていたことが最近分かってきました。それは「灰吹法（はいふきほう）」と呼ばれている製錬法です。以前水銀のところで、奈良の大仏の金メッキに使われた「アマルガム」のことを述べました。基本的には､鉛を使った「灰吹法」は、この水銀アマルガムとよく似ています。金や銀を含む鉱石を鉛に溶かし込み、金と鉛、あるいは銀と鉛の合金にします。その後、穴の多い皿の上で合金を加熱して、鉛だけを皿の穴の中に落とし込み、金や銀だけにするやりかたです。飛鳥時代に、よくこれだけの技術があったものだと思います。もっとも、海外ではもっと早くからこの技術があり、旧約聖書にも出ているそうです。おそらくメソポタミアから、シルクロードに沿って中国を経て、それが日本に伝わったと考えられます。日本の金銀の精錬技術は極めて優秀で、特に銀の純度は非常に高く､これが結果的にはその後の銀の国外流出を加速してしまいます。

ただ、この鉛を使った製錬法は、当然のことながら鉛の蒸気を吸い込むので、職人の寿命を著しく縮めました。鉛は極めて有毒です。古代から、さまざまな鉛中毒の例が知られています。古代ローマでは、なんと鉛の容器がワインを飲むのに使われていて、それによる中毒が多かったと言われています。

ワインというと大作曲家のベートーヴェンの話が有名です。最近、ベートーヴェンの毛髪から大量の鉛が検出されたというニュースが報道されました。その毛髪が、本当にベートーヴェンのものかどうかが確実ではありませんが、もしそうだとすると、何らかの原因でベートーヴェンが鉛を体内に取り込んだことになります。モーツァルトと違って、ベートーヴェンが毒殺されたという話は聞きませんので、なにか愛用していた食べ物か飲み物でしょう。そこで浮上したのがワイン原因説です。当時のワインには、甘くするために鉛（実際は鉛の酸化物）を添加していました。ベートーヴェンという人は、先祖がベルギーあたりでワインの製造をしていたこともあり、大変なワイン好きで、晩年はかなり飲んだそうです。ベートーヴェンのお父さんも相当なアル中で、ベートーヴェンが子どものころ、ピアノの練習をする息子に酔っ払って暴力をふるったことで知られています。ベートーヴェンの耳が聞こえなくなったのは、鉛中毒のせいだという説もあります。この説が本当かどうか、今さら確かめるのは難しそうですが、なかなか興味ある説です。

Pd　パラジウム
──仲人の金属──

46 Pd

最近は日本人のノーベル賞受賞者が増えてきました。こう増えてくると、いったい誰がもらったのかを忘れてしまいそうですが、日本人としてはうれしい悲鳴です。2014年の青色LEDのようにわかりやすい業績ならいいのですが、難しい基礎的な研究になると、いったい誰がどのような研究で受賞したのかを正しくいえる人は少ないでしょう。

2010年のノーベル化学賞は、日本人の根岸英一（1935-）、鈴木章（1930-）両博士に与えられました。しかしその受賞内容を覚えておられる方は少ないでしょう。なんとなく「触媒」、「クロスカップリング」などという言葉を思い出すくらいです。ちょっと復習してみましょう。

実は、このノーベル賞の業績に出てくるのが、今回述べるパラジウム（Pd）です。根岸、鈴木両博士の業績は、「クロスカップリング反応」という有機分子の合成法に関するもので、それぞれ、「根岸カップリング」、「鈴木・宮浦カップリング」と呼ばれていて、その反応過程でパラジウムが重要な役割を果たしています。

有機分子を合成するということは、新しい炭素と炭素の結合を作るということです。そのためには、最初に別の分子の炭素と炭素の結合を切る必要があります。ところが、この炭素と炭素の結合というのは非常に強くて、なかなか切るのが難しいという問題があります。その理由は簡単にいうと、炭素が周期律表の真ん中あたりの列にあるからです。真ん中にあるということは中性的な性質を持ち、プラスにも、マイナスにもなりにくいということです。ですから炭素と炭素の結合は共有結合と言って、お互いの電子をともに持ち合う強い結合になるのです。そこで、新しい炭素—炭素結合を簡単に作るアイディアとして、炭素と他の元素の化合物を使う方法があります。

図29を見てください。一番上の（1）のように、炭素がプラスになりやす

いような化合物と、炭素がマイナスになりやすいような化合物を結合させる方法です。炭素がプラスになりやすいと言うことは、相手側の元素がマイナスになりやすいもの、つまり塩素やフッ素のようなハロゲンがあります。炭素がマイナスになりやすいと言うことは、相手側の元素はプラスになりやすいもの、つまり多くの金属があります。この２つを近づけると、プラスの炭素と、マイナスの炭素が電気的に結合して、簡単に炭素—炭素の結合ができます。

このアイディアは昔からありました。ところが実際にはそうはうまくいきません。できた炭素—炭素結合は、先ほど述べたとおり、がっちりと握手をした共有結合でなくてはなりません。この図だと、プラスマイナスで結びついているだけです。また、副反応として、いろいろな化合物ができてしまいます。

そこで、次のアイディアは、「仲立ち」をする元素を使う方法です。（２）の反応のように、プラスの炭素に、さらにプラスになりやすい金属（この場合パラジウム）を近づけると、金属から炭素に２個電子を与えて、炭素がマイナスになります。そこに、もう一方の炭素－金属化合物を近づけると、（３）の右側のように金属とハロゲンの化合物ができ、同時に炭素のマイナス電子がパラジウムに戻ります。これだと、最終的にできる炭素—炭素結合は、プラスとマイナスの電気的で結びついているのではなく、きちんとした共有結合で結ばれることになります。

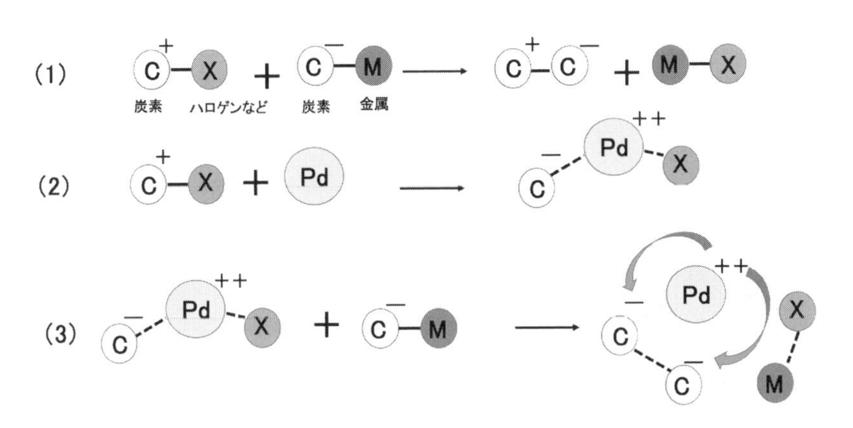

図29　パラジウムを使ったクロスカップリング反応の模式図

これをみるとパラジウムは、最初は中性で、いったんプラスの２価になったのち、再び元の中性に戻っています。ですから炭素―炭素結合ができる反応が起こっても、全く変化しませんし、減ることもありません。こういう物質を「触媒」といいます。結婚式の仲人のようなものです。実際の反応は、この図に書いたほど単純ではありませんが、いずれにしても、パラジウムは触媒として、炭素―炭素結合ができる反応を進めるためには、なくてはならないものです。パラジウムは、その他にも自動車の排気ガスを浄化するための触媒や、燃料電池の電極、水素を吸蔵する材料など様々な分野でつかわれています。ただ、いかんせん貴金属で価格が高く、資源にも限りがあります。ですから「脱レアメタル」ということで、パラジウムを使わないで同じような性能をもつ安くて資源豊富な材料の開発が競われています。

Pm　プロメチウム
―世の中にない元素―

61 Pm

ランタノイド元素（希土類元素）は、これまでに何回も出てきましたが、化学的に性質が似ているので、皆同じような話になってしまいます。ところが、他のランタノイド元素とは似ても似つかぬ元素もあります。それは世の中に「ない」ランタノイド元素です。今回取り上げるプロメチウム（Pm）という元素は、その「ない」ランタノイド元素です。正確にいうと、「安定なプロメチウムは世の中にない」ということです。

すべてのプロメチウムは放射性元素で、放っておくと、どんどん別の元素にかわっていきます。放射性元素と言えば、ラジウムやウランのように、原子番号の大きい元素を思い浮かべます。原子番号84番のポロニウム（Po）より重い元素はすべて放射性です。原子核が重すぎるので、アルファ線を出してより小さな元素に変わるか、ウランのように核分裂してしまうのです。ところが、プロメチウムの原子番号は61番と、それほど大きくありません。周期律表全体では、その他に原子番号43番のテクネチウム（Tc）もすべて放射性元素で、安定なテクネチウムは世の中にありません。なぜそんなことになっているのでしょうか？実は、このことについては完全にわかっていません。そうはいっても、これほど不思議な元素ですから、多くの研究者が「なぜプロメチウムは安定な同位体がないのか？」ということに関して研究をしています。ここでは一つの説の概略だけふれましょう。

まず、プロメチウムの原子番号が61と、奇数であることが重要です。宇宙にある全元素の存在する割合を調べてみると、なぜか原子番号が偶数の元素の方が、その隣り合う奇数の元素よりも多いのです。このことはランタノイドについても言えます。図30は、宇宙（地球でも同じ傾向がある）におけるランタノイド元素の存在比です。これを見ると、確かに原子番号が偶数の元素が、隣の奇数の元素よりも確実に多くなっています。プロメチウムのところは安定な核種が存在しないので書いてありません。

もうひとつ重要なことは、「原子番号が偶数の元素は、多くの同位体を持つが、奇数の元素は1つか2つの同位体しか持たない」ということです。さらに、原子番号が奇数の元素の安定核種は、中性子の数が偶数である」という事実が

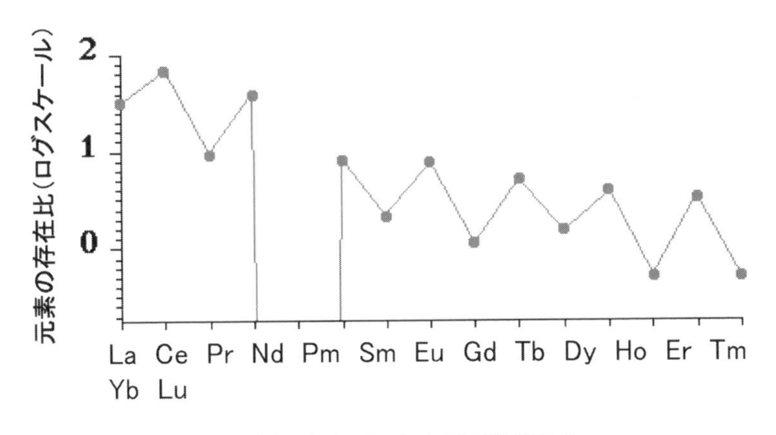

図30　宇宙におけるランタノイド元素の存在比

あります。つまり原子番号が奇数の元素というのは、中性子の数に厳しい制約があるわけです。それだけならば、「原子番号が奇数の元素はいっぱいあるのに、どうしてプロメチウムだけが存在しないのか？」という疑問がわきます。ここから先は説明が難しいでが、もう少しお付き合いください。

原子核は陽子と中性子から成り立ち、軽い原子の場合は、陽子の数と中性子の数が、ほぼ同じくらいの核種が安定になります。ところが、原子番号が大きくなってくると、相対的に中性子の方が陽子より多くなってきます。その様子を図31に示しました。45°の傾きのまっすぐな線が、陽子と中性子の数が同じラインです。実際に存在する核種を点で書いてあります。この点の真ん中くらいに「エイや！」と線を書きました。この線から外れると、不安定になってしまいます。この線上に、原子番号が奇数の核種を置いた場合、先ほどの制約から、中性子が偶数の点が近くにあるかどうかと言うことが問題になります。たまたま、プロメチウムの場合は、原子番号が61番で、しかも中性子の数が偶数という点が、この緑の線から大きくはずれてしまうのです。ちょっとややこしくてすみませんでしたが、いずれまたテクネチウムが出てきますので、その時にもう一度、復習しましょう。

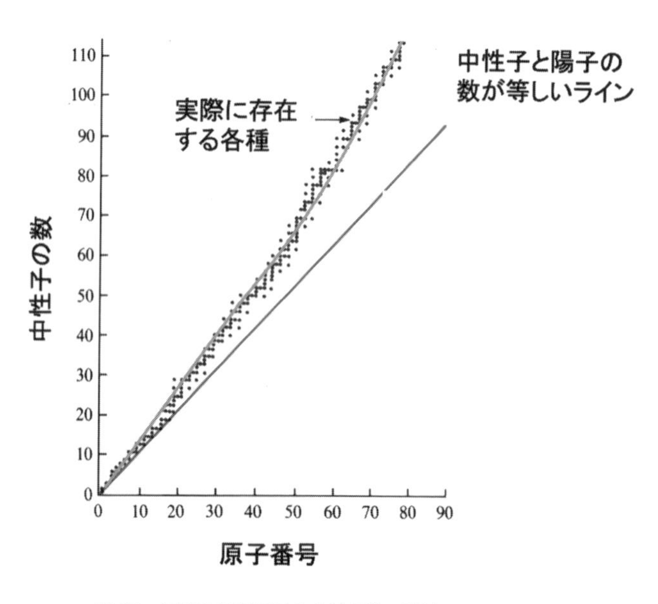

図31　元素の原子番号と中性子数の関係

Po　ポロニウム
──キュリー夫人の故郷──

84 Po

映画「キュリー夫人」は大変感動的な映画です。これは1943年のアメリカ映画で、もちろん白黒です。その「キュリー夫人」で最も感動的なシーンは次の場面です。

キュリー夫人と、夫のピエールは貧しいながらも、「光る物質」を土の中から取り出す研究に没頭しています。その光る物質というのは、ベクレルという人が少し前に見つけたもので、光を当てなくても、自ら光を出す物質です。しかしその物質というのは、膨大な土の中に、ほんのわずかしかありません。試薬を加えたり加熱したりして、分離していくのですが、作業は困難を極めました。何回もあきらめかけましたが、夫婦は励ましあい、だんだんと分離をすすめ、最後の最後に、小さな瓶に入れた物質が光りだします。

それを見つめる二人。

「これが、私たちの愛の灯ね！」というセリフが印象的です。

このときに、自発的に光ったのはラジウム（Ra）と考えられます（ただ、ポロニウム（Po）だった可能性もあります。映画はもちろんフィクションの部分がありますから、何とも言えません。）いずれにしても、ラジウムもポロニウムも同じころにキュリー夫妻によって発見されました。

キュリー夫人の夫のピエールは、分離・分析化学や放射能の専門家ではなく、固体物理学の研究者です。特に磁性の研究では当代一流の研究者でした。固体物理を勉強した人は、なんどもピエール・キュリーの名前に出会っているはずです。磁石を加熱すると磁石の性質が消える温度を「キュリー点」と言いますが、これはピエール・キュリーにちなんだ用語です。また固体に圧力を加えると電圧が生じる（電界が生じる）現象を圧電効果といいますが、またの言い方を「ピエゾ効果」といいます。これもピエール・キュリーの「ピエール」にちなんだ用語です。そんな大学者のピエールですが、マリー・キュリーと知り合い結婚したときは定職がなく、収入もわずかでした。それでも、自分の研究をいったんストップし、2人で「光る物質」を探して研究を続けます。そして、最後に光る物質を発見したのが上の場面です。

キュリー夫妻は、この「光る物質」を「Radiation」と名付けました。放射能の発見です。当然ながら、この業績に対して、1903年のノーベル賞が与えられました。この時に同時に受賞したのが、夫のピエール・キュリーと、ベクレルです。ちなみに、以前は放射能の単位に「キュリー」が使われていたのですが、1978年に、国際度量委員会というところが、なぜか「ベクレル」に変更してしまいました。そのため、いまでは「ベクレル」の方が有名になりました。なぜ放射能の単位が「キュリー」から「ベクレル」に変わったのかを推測すると、1903年のノーベル物理学賞の受賞理由が、ベクレルの方は「自発的放射能の発見」になっているのに、キュリー夫妻の方は「ベクレルによって発見された放射現象に関する共同研究」となっていることに関係していると思います。おそらく当時のノーベル委員会は、ベクレルが放射能を発見し、それをキュリー夫妻が実験的に確認したという見解だったのでしょう。要するにベクレルの業績の方を一段上に見ていたのです。実際、ウランから出ている光を見つけたのはベクレルです。キュリー夫妻は、ウラン以外の放射性物質を発見したというわけです。

この1903年のノーベル物理学賞の選考では、このような化学的手法によって元素を発見したのが物理学賞にふさわしいかどうかが議論になりました。そのためかどうかわかりませんが、キュリー夫人は1911年に二回目のノーベル賞を受賞しました。今度は化学賞です。そのときの受賞理由は、「ラジウムおよびポロニウムの発見とラジウムの性質およびその化合物の研究」というものでした。この「ポロニウム」というのは、キュリー夫人の祖国「ポーランド」にちなんだ名前です。2回のノーベル賞に輝いたキュリー夫人ですが、第1回目の1903年と、第2回目の1911年の間に大変な不幸に見舞われています。夫のピエールが1906年に交通事故で突然亡くなったのです。愛する夫を突然亡くした悲しみは察するに余りあります。

ポロニウムは非常に分離することが難しい元素です。半減期が138日と非常に短いので、元素の量が非常に少ないからです。ですから、それを取り出すのに、キュリー夫妻は大量の土が必要だったのです。半減期が短いと言うことは、少しの量でもそれだけ放射能が強いということです。このことを利用して、

10年ほど前ロシアで恐ろしい事件がありました。

2006年に元ロシアの情報部員が不審死した事件で、なんとポロニウム210が被害者の尿から検出されたのです。死因は放射線（アルファ線）による体内被曝でした。つまり犯人が何らかの方法で情報部員にポロニウムを飲ませたのです。ポロニウム210の半減期は短いですから、全く味もしないくらい少量でも飲み込ますことができます。ポロニウム210はアルファ線を出しますから、体内にたまったポロニウムからのアルファ線で放射線障害を起こし、亡くなったと思われます。せっかくキュリー夫人の業績として有名になったポロニウムのイメージを悪くする陰惨な事件でした。

Pr　プラセオジム
――光の増幅――

59 Pr

プラセオジム（Pr）という元素は、あまり聞いたことがないでしょう。そもそも日本語の名前があいまいです。英語は「Praseodymium」なので、カタカナで正確に書くと「プラセオジミウム」です。「ミ」と「ウ」がどこかへ行ってしまいました。中間をとって「プラセオジウム」と書いてある本もありますが、これは正しくありません。実はプラセオジムは、「ネオジム（Nd）」と同じようにドイツ語からとった名前です。ドイツ語では、「Praseodym」と書きます。いつごろこの名前が決まったのかわかりませんが、少なくとも戦前は科学用語に結構ドイツ語が使われていました。これは、太平洋戦争中のアメリカが敵国でドイツが同盟国だったことが要因です。しかもドイツは科学先進国だったので、多くの科学用語がドイツ語から採用されました。すでに述べましたが、元素の名前も、「ナトリウム（Na）」、「カリウム（K）」、「マンガン（Mn）」、「ニオブ（Nb）」、「モリブデン（Mo）」などがドイツ語です。戦前に教育を受けた人は、英語よりドイツ語の方ができる人が少なからずいて、論文もドイツ語で書くという人も多くいました。戦後でも1970年代くらいまでは、ドイツ語の論文誌が結構でていました。古くはアインシュタインの相対性理論に関する論文も、最初はドイツ語で出版されました。ところが、最近はドイツ語の影響力が凋落気味です。インターネットの普及も影響していると思いますが、科学の世界で使われる言語は、ますます英語に統一されてきました。ドイツ人の研究者も、ほとんどの論文は英語で書きます。ドイツで発行している論文誌でさえ、ほとんどが英語です。

さて、プラセオジムは何度も出てきたランタノイド元素（希土類）のひとつです。ですから今まで述べてきたとおり、磁石としての性質や、光の吸収や発光に特徴があり、これらの性質を使った応用が期待されている元素です。特にプラセオジムは、光ケーブルの中に少しだけ入れると、光が増幅される性質があるので非常に有用な元素です。光ケーブルというのは光ファイバーというガラス（石英）やプラスティックでできた透明な細いケーブルでできていますが、そこに少しだけプラセオジムを混ぜると、光のエネルギーが増幅されるのです。どういうことでしょうか？ちょっと説明しましょう。

最近は家庭でインターネットを使うときでも「フレッツ光」などが使われます。この「光」というのは、通信をするために光を使うからです。以前は、通信というと電波か電線を使うのが普通でした。初期のころのインターネットは電話ケーブルを使っていましたが、この電話ケーブルというのは、単なる銅線です。要するに、家庭に来ている100ボルトのコンセントと変わらないものです。この電線をガラスでできた透明な細い棒に変えるのです。銅線が運ぶのは電子ですが、透明な棒の中を伝わるのは光です。光も電子もエネルギーを運ぶと言うことでは同じです。けれども、情報を運ぶという点になると、光の方が圧倒的に有利です。というのは、光というのは「波長」をもっています。要するに「色」です。赤い光や緑の光で情報を送れば、この2つが混線することはありません。原理的には棒の中を通るあらゆる波長の光を同時に使うことができます。

長い距離で情報を伝えるためには、当然ながらこのガラス線は透明でなければなりません。この透明なガラス線を作る技術は、1970年代頃から急速に発展し、現在ではインターネットの回線での通信は、ほとんどが光によって行われています。

さて、電気の信号を増幅させる装置を「アンプ」といいます。これは主に、電気の電圧を高くする装置です。たとえば、1ボルトの電圧で送られてきた信号を、10ボルトに上げます。そうすると、雑音（いわゆるノイズ）の影響がなくなり、音や画像に変換した時、きれいになります。これを光ファイバーで行うのが「光増幅」です。

ガラスでできた光ファイバーにちょっとだけプラセオジムを混ぜたとします。実際に入っているのはプラセオジムの酸化物です。そこにある波長の光が入ってきたときに、同時にレーザーを使うと、プラセオジムの酸化物の電子がどんどんと上に押し上げられ、ついには上に押し上げられた電子の方が多くなってしまいます。こういう現象を「反転分布」と言い、レーザーの基本的な原理です。それによって、プラセオジムの酸化物から出てくる光が非常に強められることになります。現在はこういった光増幅は情報の伝達に使われています。

Pt　白金
──電子が重くなる？──

78 Pt

日本古来の言葉で、「しろがね」というと銀のことです。漢字で「白金」と書くと、「しろがね」とも読めますので、銀を意味することもあります。しかし現在ではもちろん「白金」は「はっきん」と読みます。つまりプラチナのことです。

プラチナというと、金や銀のように宝石や装飾品のイメージが強いでしょう。なかなか手に入りにくい入場券などを「プラチナペーパー」といいます。昔は野球の巨人戦の切符が「プラチナペーパー」と言われましたが、最近ではそうでもなさそうです。「ゴールドペーパー」ではなく、「プラチナペーパー」というくらいですから、白金はどうやら金や銀よりも価値が高いようです。ただ、純度にもよりますが、現在の１グラム当たりの価格は、金が5,088円、白金が4,989円で、わずかに金の方が高くなっています。見た目は金の方が黄金に輝いていて、きれいですからそうなっているのでしょう。

生産量で金と白金を比べるとどうでしょうか？現在の年間生産量は金が約2,500トン、プラチナは約200トンで、圧倒的に金の方が多いようです。ちなみに推定埋蔵量は、金があと60,000トン程度、白金はその４分の１くらいで16,000トン程度とされています。いずれにしても白金の方が金よりも希少価値が高いことは確かです。

そんな希少金属の白金ですが、最近では装飾品以外にも先端材料として使われています。その中でもっとも重要なものが触媒です。特に自動車の排気ガスの中に含まれるNOx（窒素酸化物）やCO（一酸化炭素）、CHx（炭化水素）などの有毒ガスをきれいにするための触媒として、現在多く使われています。実際に自動車触媒に使われているのは、白金（Pt）、パラジウム（Pd）、ロジウム（Rh）の３種類を使った触媒で、このうち白金は主に一酸化炭素を酸化して二酸化炭素に変えたり、炭化水素を酸化して二酸化炭素と水に変えたりするのに使われています。それにしても白金という高価なものが触媒とは、ちょっと自動車メーカーにとっては運が悪かったような気がします。どうして白金の触媒作用が高いのでしょうか？

周期律表をもう一度見てください。原子番号78番の白金(Pt)の列は、上からニッケル（Ni）、パラジウム（Pd）、白金（Pt）の順になっています。ニッケルとパラジウムのところですでに触れましたが、この２つの金属も触媒効果があります。しかし排ガスの浄化のような場合は、一番重い白金の触媒効果が一番大きいのです。ただその理由は完全にはわかっていません。触媒というのは「鼻薬」のようなもので、ちょっとそこいらに置いてある粉を「チチンプイプイ」と言って入れれば、新しい反応が起こることを発見した、ということが多いのです。そうはいっても、周期律表の同じ列の元素がそろって触媒機能を示すと言うことは、何か理屈があるのでしょう。そこで一つの説をご紹介します。それは「相対論効果」です。

相対論と言えば、アインシュタインの「相対性理論」を思い浮かべます。相対性理論から導かれる結果に、、「光の速度に近いスピードで運動する物質の質量は大きくなる」という事実があります。実は、白金の大きな触媒効果を説明するのも、まさにこの、アインシュタインの相対性理論と関係があるという説です。簡単に説明しましょう。

原子というのは、原子核の周りを電子が円運動をしています。もっとも簡単な水素原子では、1個の電子が1個の陽子でできて原子核の周りをまわっています。この時の電子の速度は、だいたい1秒間に2200キロメートルくらいです。かなり速いですが、それでも光の速度の約137分の1です。ところが、原子が重くなっていくと、内側にある電子の速度はどんどん速くなっていきます。たとえば、原子番号78番の白金あたりだと、最も原子核に近いところにある1sという軌道にある電子の速度は、光速の半分以上の速度になります。そうすると、先ほど述べたアインシュタインの相対性理論が無視できなくなります。つまり、原子核の周りをまわっている電子が「重くなってくる」のです。計算によると、静止した電子よりも20パーセントくらい重くなります。そうすると、その電子は原子核により強く引き寄せられ、1s軌道のエネルギーが低くなります。それにつれて、他のs軌道やp軌道の電子も原子核に近づき, エネルギーが低くなります（つまり安定になる)。ところが、外側にあるd軌道やf軌道の電子は、原子核に近づいた電子を「原子核と勘違い」してしまいます。つまりマイナスの電荷をもった電子がプラスの原子核に近づいたので、プラスの電荷が弱まったと勘違いして、エネルギーが不安定になります。

この様子を、ニッケル、パラジウム、白金の3つの元素について図32に示

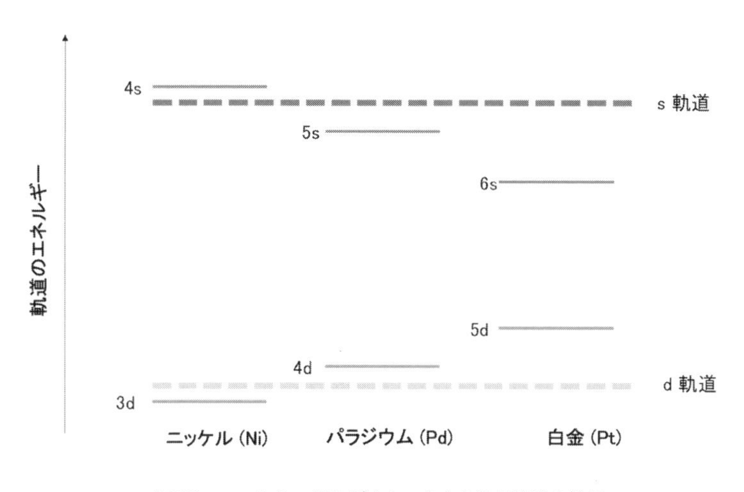

図32　ニッケル、パラジウム、白金の電子軌道の様子

しました。一番外側の軌道は、ニッケルが3d軌道と4s軌道、パラジウムが4d軌道と5s軌道、白金が5d軌道と6s軌道です。点線で示したところにもともとの軌道があったのですが、原子が重くなるにつれて、相対論効果により、s軌道は安定になり下に移動し、d軌道は不安定になり上に移動します。つまり、白金のように重くなると、d軌道とs軌道の差が小さくなります。このことは、電子が動きやすいことを意味します。ですから触媒として働くときに、電子を出したり取ったりしやすいと言うことになります。そのために白金は触媒としての効果が大きくなっているのです。

この相対論効果は、重い元素の性質を説明するのに使われます。水銀が液体なのも、金が「金色」に輝いているのも、金は柔らかいのも、すべてこの相対論効果で説明することができるといわれています。

Pu　プルトニウム
──日本でも行われていた原爆の研究──

94 Pu

この本では当初、原子番号1番の水素から、天然に存在する最も重い元素である原子番号92番のウランまでを扱う予定でした。しかしどうしても、ウランより原子番号が大きい、2つの元素を外すことができませんでした。今回述べるのは、ウランのより原子番号が2つ大きい94番のプルトニウム（Pu）です。プルトニウムは天然にはほとんどなく、人工的に作られた元素です。こういった人工元素は、プルトニウムの先もどんどんと続き、いったい原子番号というのは最高何番まであるのかと言うことは、よくわかっていません。ウランより原子番号が大きい元素を「超ウラン元素」といいますが、これらの元素は量が少ない上、すべて放射性元素なので取り扱いが難しく、あまり物理化学的な性質がよく分かっていない元素が多くあります。その中でプルトニウムは、比較的よくわかっている方の元素です。また、一般の人も「プルトニウム」と聞けば、「ああ、あの怖い元素だ」と思うでしょう。それは不幸にして戦後、「原爆の材料」として知られることになったからです。広島に落とされた原爆はウランの核分裂を使っていますが、長崎に落とされた方は、プルトニウムの核分裂によるものです。この広島型と長崎型の原爆が違う種類のものだと言うことは、ウランとプルトニウムでは、核分裂の過程が異なるので、分裂してできた元素が発する放射能を詳細に調べればわかります。

実は戦争中、日本でも原爆に関する研究は行われていました。オットー・ハーンらが核分裂という現象を発見したのが1938年ですから、太平洋戦争の直前です。その情報をもとに、日本の仁科芳雄（1890-1951）らのグループが、理化学研究所の加速器を使って原子爆弾の研究を始めます。もともと仁科芳雄は、日米の戦争に否定的だったのですが、軍から要請されて、やむなく原爆の研究を始めます。ただ実際に研究が始まったのが1943年と、終戦の2年前でした。結局、道なかばで広島、長崎に原爆が落とされ終戦を迎えます。この日本の原爆製造に使われた加速器などの装置は、戦後GHQによって廃棄されました。このように核分裂に関する研究は不幸にして軍事研究から始まりました。

さて、そのプルトニウムは人工元素ですが、アメリカ、カルフォルニア大学のシーボルグ（シーボーグとも書かれる）（1912-1999）によって太平洋戦争の初めの年である1941年に発見されました。このシーボルグという人は、その後も次々に新しい元素を発見しました。当然それはウランより重い「超ウラン元素」です。Am（アメリシウム:原子番号95)、Cm（キュリウム（96)、バークリウム（97)、カリホルニウム（98)、アインスタイニウム（99)、フェルミウム：原子番号100)、Md（メンデレビウム：原子番号101)、No（ノーベリウム：原子番号102)、Lr（ローレンシウム：原子番号103）など、数多くの元素の発見に貢献しました。このあたりの元素は、このように、ほとんど有名な科学者の名前からとっています。誰だかはすぐわかるでしょう。ただバークリウムとカリフォルニウムだけは、これを発見したカリフォルニア大学のバークレー校にちなんでつけられました。

プルトニウムは原子力発電によっても生成します。原子力発電の燃料として使われているのは、質量数が235のウラン-235という同位体ですが、ウランの多くは核分裂を起こさないウラン-238という同位体です。これに中性子が当たると質量数がひとつ増えてウラン-239になり、それが不安定なので、最終的にプルトニウム-239になります。このプルトニウム-239という同位体も核分裂するのでやっかいです。特にこのプルトニウム-239は原爆の原料になるので、国際機関によって、各国にどのくらいのプルトニウムがあるかということは、厳密に管理されています。

プルトニウム-239が核分裂を起こすと言うことは、逆にいうと原子炉の中で生成するプルトニウムを、エネルギー源、つまり原発の燃料として再利用できると言うことになります。このアイディアを実現しようとしたのが「高速増殖炉」と呼ばれている新しい原子炉です。ただ、安全性に関してまだまだ解決しなければならない問題が数多くあり、その開発を進めるかどうかは議論になっています。

Ra　ラジウム
──放射線は体にいい？──

24 Ra

2011年10月、東京都世田谷区にある家の床下から、非常に強い放射能が検出され、大きなニュースになりました。そのころは、東京電力福島第一原子力発電所の事故で放出された放射性物質が各地に飛散し、いろいろな場所の放射線レベルの測定がかなり詳細に行われるようになった時期です。「シーベルト」という言葉も、一般に知られるようになり、各地に「ホットスポット」といって、放射線レベルが高い場所が見つかっていました。その世田谷の家の床下では、1時間当たり何と600マイクロシーベルトもの放射線が検出されました。これは驚くべき値です。この場所に1年間いると、5000ミリシーベルト、つまり5シーベルトになります。放射線障害を起こしてもおかしくない値です。ただ、放射線は床下にあり、床でかなり遮蔽されていたので、幸いなことに、ここにずっと住んでいた92歳の女性は健康で、ガンになったということはありませんでした。またここで育った子どもも特に病気になったということもありませんでした。

このニュースが報道されたとき、原発の影響によるホットスポットではないかとマスコミが大騒ぎになりました。よくよく調べたら、これは原発の影響ではなく、ラジウム226という核種を、昔だれかがここに捨てたものとわかりました。なぜ、そんな危ないものを捨てたのでしょうか？

実はラジウムは、暗いところで光る夜光塗料として、一般的に使われていたのです。夜中でも見える時計の文字盤などに多く使われていました。LEDなどがない時代は、電気を使わなくても自ら光るラジウムは、非常に有用でした。ラジウム226は放射性元素で、アルファ線という放射線を出しますが、このエネルギーにより光を発するのです。ラジウムから出るアルファ線が蛍光塗料に当たって電子が励起された結果光を出します。ラジウムは半減期が1600年以上もありますから、半永久的に放射線を出し続けるため、電源がいりません。ラジウムはこのように、当たり前のように使われていたので、1920年代ごろからすでにアメリカで時計などを作る工場の従業員に、ガンなどの放射線障害が多く発生しました。

日本ではむしろ「ラジウム温泉」や「ラジウム岩盤浴」などという言葉があり、ラドンとともにラジウムは体にいいというイメージがあります。ある温泉地の宣伝を見たら、「ラジウム温泉は体の内外を効果的にケアする温泉です。また飲用することにより、痛風、糖尿病、リュウマチ、神経痛、婦人病、高血圧などに特に効果があります。」と書いてありました。ちょっと誇張しすぎのような気がします。ラジウムから出る放射線が健康に良いという科学的な根拠は乏しいと思います。病院で放射線治療法というのがありますが、これは全く違って、強い放射線でガン細胞などの悪い細胞を殺してしまう方法です。ラジウム温泉の場合は、非常に微弱な放射線なので、ガン細胞や黴菌が死ぬなどと言いう効果はありません。

ラジウムが健康にいいという主張は、要するにラジウムが多いような山奥には温泉があるので、その温泉につかってのんびりするから健康に良いということでしょう。いろいろな病気が治るのは、単なる温泉のお湯の効果やリラックスする効果のように思います（もっとも、風呂上がりに一杯飲んだら、かえって悪くなったりして・・・）。最近は放射線のイメージが悪くなってきたので、こういった「ラジウム温泉」や「ラドン温泉」といった宣伝や謳い文句は減りました。

ポロニウムのところで少し触れましたが、ラジウムが発見されたときのことについてもう一度触れましょう。1895年にレントゲン（1845-1923）がX線を発見したわずか数か月後、フランスのアンリ・ベクレル（1852-1908）は、たまたまウラン鉱物とともに引き出しの中にしまっておいた写真フィルムが感光していることに気づきました。ということは、ウランも自らX線のような光線を出していることになります。そしてこの光線はベクレル線と名付けられました。キュリー夫妻はウランのほかにもベクレル線を出す物質があるのではないかと思い、いろいろな鉱物を精製、分離してその物質を探しました。そしてついに、ピッチブレンドと呼ばれる鉱石から、ウランよりはるかに強いベクレル線が出ていることを見つけました。そしてその物質からウランよりも強い放射線を出す元素を分離することに成功しました。最初に分離したのはポロニウム（Po）と思われます。そのピッチブレンドには、ポロニウム以外にもウランより強い放射線を出す元素が含まれていることがわかり、これを「ラジウム（Ra）」と名付けました。ラジウムは、先ほど述べたとおり、自ら光を出します。ラジウムという言葉は、文字通り「放射」という意味の「radiation」からきています。ちなみにradiationという言葉は「放射線」とも訳されますが、「放射」、「輻射」、「発光」という意味もあり、この場合は放射線以外の普通の光も含みます。

ラジウムが自ら光るのは、ラジウムから出てくるα線により、ラジウムの中の電子が励起されて光るからです。では、他の放射性元素はどうなのでしょうか？実は光る物質も光らない物質もあります。ラジウムが光る物質なのは、ラジウムの半減期が「適当な値」だからです。ラジウム-226の半減期は1600年くらいですが、この値が長すぎても短すぎても光りません。半減期が長すぎると、1グラム当たりの放射線の数が減ってきます。逆に短すぎると、放射線は強いのですが、原子の数が少なすぎて、1グラムといった量を取り出すのが難しくなってしまいます。ちなみに1グラムのラジウム 226 は、1秒間に 370 億個のアルファ線を出します。最近では、370 億ベクレルと言った方がわかりやすいかもしれません。以前は、1グラムのラジウム -226 を、キュリー夫人にちなんで1キュリー(Ci)という単位で呼んでいました。考えてみると、キュリーの方が放射能の量の感覚をつかむのに便利です。ミリキュリー、マイクロキュリーなどというと、だいたいの重さがわかります。ところが、ベクレルですと、何億、何兆、何京ベクレル（英語だとテラベクレル、ペタベクレルなど）と言わなくてはならないので、感覚としてすぐにはわかりません。そもそも、1つの放射線が出ることを1ベクレルと言うわけですから、なにも単位をつけることはないでしょう。その一方では、「ミリシーベルト」、「マイクロシーベルト」などと、今度は極端に違う桁の言い方に換算しているので、一般の人は混乱してしまいます。福島原子力発電所の事故から5年たちますが、いまだに専門家でもベクレルとシーベルトの換算には苦労しています。

Rb　ルビジウム
―ハイデルベルク―

37 Rb

ドイツには中世さながらの街並みが多く残っています。特に古城や教会がそのままで残っている古い街を歩くと、まるで自分が中世にいるような気がしてきます。ハイデルベルクもそのような街で、ライン川とネッカー川の合流地点にある人口 15 万人ほどの小さな町です。古城や古い住宅が立ち並び、一気に中世にタイムスリップした感じがします。

そんなハイデルベルクでも、とりわけ歴史の古い建物がハイデルベルク大学です。この大学は正式には「ルプレヒト・カール大学ハイデルベルク」といい、ドイツで最も古い大学です。創立は1386年といいますから、日本では室町時代の初めです。ハイデルベルク大学は人文系の著名人が多く、ここで教鞭をとったり学んだりした著名人としては、哲学者のヘーゲル、ヤスパース、フォイエルバッハ、社会学者のマックス・ウェーバーなど錚々たる人がいます。科学系も負けてはいません。窒素のところで触れましたが、空気中の窒素からアンモニアを合成することに成功したフリッツ・ハーバーはここの卒業生です。今回述べるルビジウムに関係した偉大な科学者として、ブンセン（1811-1899）とキルヒホッフ（1824-1887）の名前はどうしてもはずすことはできません。

昔は化学の実験で物を加熱するときはアルコールランプを使いました。しかし最近は「ブンセンバーナー」というのを使います。これはガスを使った棒状のバーナーで、先端から青い炎が出ます。単なるガスバーナーなのですが、炎の大きさが常に一定になるようなちょっとした仕掛けが隠されています。このブンゼンバーナーを発明したのが、先ほど述べたハイデルベルク大学のブンセンです（もっとも、最初に発明したのはイギリスのファラデーで、ブンゼンはそれを改良しただけという説もあります）。ブンゼンが偉いのは、このブンゼンバーナーを使って、キルヒホッフと共同で、様々な元素を発見したことです。元素というのは、金や銅のようにそのまま金属が元素になっているものは古くから知られていましたが、多くの場合は19世紀以降に発見されたものです。金属元素の場合は、岩石などを溶かしてから、化学的性質が違う元素を分離していって、最終的に純粋な元素を得る方法です。しかしメンデレーエフの周期律表が示す通り、周期律表の縦の列は化学的な性質がよく似ているため、化学的な方法で分離することが難しく、なかなか単一の元素だけ取り出すことはできません。特に一番左の列のアルカリ金属というのは、すべて電子が1個とれたプラスイオンが安定のため、分離することが非常に難しく、発見が遅れました。なかでも重い方のアルカリ金属であるルビジウムとセシウムは、量も少ないうえ、大量にあるナトリウムやカリウムと性質が似ているので、なかなか見つかりませんでした。これを発見したのがブンゼンです。ブンゼンは、自分が発明した（とされる）バーナーを用いて、いろいろなものを燃やし、炎の色によって元素を同定しました。このように、バーナーの中の元素がいろいろな色に光ることを炎色反応といいます。

図33を見てください。これは何回も出てきた電子の軌道の図ですが、なぜ色が違うのかを説明するために、また出しました。いちばん下にある線は、通常のアルカリ金属原子の一番外側にある電子です。これはs軌道というのですが、アルカリ金属原子はここに1つ電子が入っています。この4つの元素では、s軌道のエネルギーにあまり違いはありません。ところが、バーナーの中に入れて燃やしてやると、熱によって一部の電子が上の空いた軌道に押し上げられます。この軌道にある電子は不安定なので、再び下の軌道に落ちようとするのですが、そのときに、2つの軌道の差に相当するエネルギーをもつ様々な色の光を出します。上の軌道というのは、いろいろあるのですが、アルカリ金属間でかなり違っています。ですから、この色を調べることにより元素を特定することができるのです。実際には、「色を調べる」というのは、「光の波長を調べる」ということです。

原子から出る光を分光するというブンゼンの方法は、現代でも化学の重要な手法として、様々な分野で使われています。

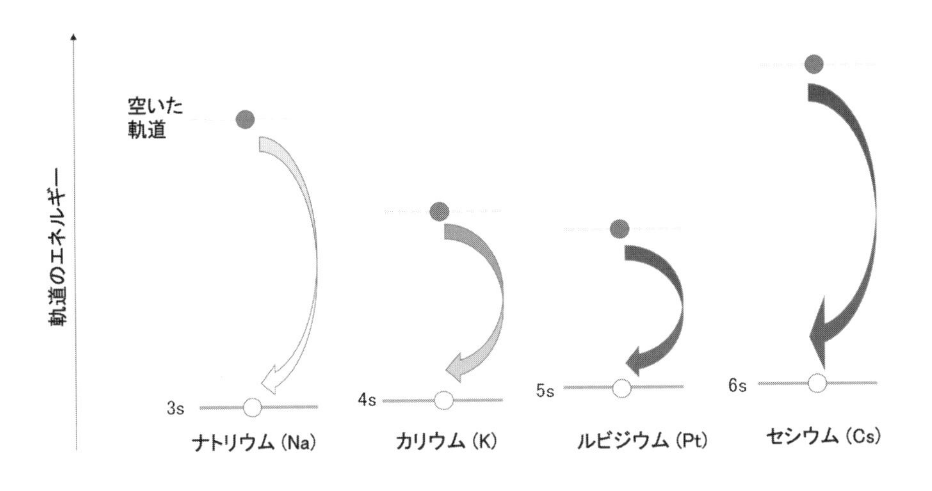

図33　化学的性質が似たアルカリ金属でも、空いた軌道のエネルギーは全く違う

Re　レニウム
―日本人が発見した元素は？―

75 Re

周期律表の元素の名前には、地名や人名にちなんでつけられたものがたくさんあります。国名に限ってみても、ゲルマニウム（Ge: ドイツ）、フランシウム（Fr: フランス）、アメリシウム（Am: アメリカ）、ポロニウム（Po: ポーランド）、ガリウム（Ga: フランスの古い名前のガリア）などがあります。残念ながら日本にちなんだ元素はありません。また日本人の名前にちなんだ元素もありません。最近、113番目の元素を合成することに成功した日本がその命名権を得、「ニホニウム」と名付けられたというニュースがはいってきて話題になりました。

ところが、今から100年以上も前の明治時代に、元素を発見した日本人がいたのです。しかも、ニッポニウム（Np）という名前までつけられて、国際的にも認められていました。ニッポニウムを発見したのは、東北大学の総長を務めた小川正孝（1865-1930）という人です。ニッポニウム発見の経緯は吉原賢二氏（1929-）が詳しく研究しています（たとえば「科学に魅せられた日本人 ニッポニウムからゲノム、光通信まで」岩波ジュニア新書（2001））。

それによると、小川正孝はイギリスのロンドン大学のラムゼー（ラムジーとも書く）のもとに留学し、鉱石の中から新元素を探索する研究をします。このラムゼーという人は、アルゴンのところで述べましたが、希ガスを発見したことで1904年（ちょうど小川正孝が留学したころ）にノーベル化学賞を受けています。いわば、「元素発見のプロ」と言っていいでしょう。小川正孝は、帰国後もこの研究をつづけ、ついに1908年に新元素を発見したことを発表します。それは、原子番号43番、質量数は約100の元素でした。このことはヨーロッパでも大きく取り上げられ、周期律表に「ニッポニウム」という名で載ることになりました。元素記号はNpです（ただし現在では、Npはネプツニウムになっています）。ところが、その後小川自身によっても、また他の研究者によっても、このニッポニウムに関する研究は発表されることはありませんでした。その理由は、ニッポニウムの量があまりにも少なく、膨大な鉱石の中から分離するのが難しかったためです。ところが小川の死後、1937年になってイタリアの科学者セグレ（1905-1985）が、原子番号43番の元素、テクネチウム（Tc）を発見したのです。しかしそれはなんと、放射性の元素で、人工的に作られたのです。つまり小川が見つけた原子番号43番のニッポニウムは天然には存在しなかったのです。実は小川が見つけた新元素は、吉原賢二氏の研究で「レニウム（Re）」であることがわかりました。レニウムは原子番号が75番と、かなり重いのですが、テクネチウムとレニウムは周期律表の同じ列にありますから、化学的な性質がよく似ています。ですから鉱物からニッポニウムを抽出する過程でレニウムが分離されたのでしょう。まさか原子番号43番の元素が天然に存在しない元素だなどということは、当時世界中のだれも想像していませんでした。もちろん小川自身も全く予想してなかったでしょう。現在ではウランのような重元素は別として、以前のべたプロメチウム（Pm）と、テクネチウムの2つの元素だけが、天然に存在しないことがわかっています。小川にとっては非常に不運なことでした。けれども、明治時代にすでに日本人が新元素の発見を発表していたというのは驚くべきことです。

ちなみに、テクネチウムとレニウムのように周期律表の上下にあって化学的性質が似ているのに原子番号が違うという元素を同定するには、試料にX線を当てて、そこから出てくるX線（蛍光X線という）のエネルギーを測定する方法が最適です。それは元素から出てくるX線のエネルギーが原子番号の順にきれいに並ぶからです。図34を見てください。横軸にX線のエネルギー（実際には波長の平方根の逆数）、縦軸に原子番号をとると、きれいな直線になります。前回、ルビジウムのところで、原子から発する光の色を測定すれば元素が同定できるといいました。確かにそうなのですが、原子から出る光の色というのは、原子番号の順に並んでいません。それに対して、元素から出るX線の波長はこの図のように、きれいに原子番号の順にならんでいます。これは1913年にイギリスのモーズリー（1987-1915）が発見したので、モーズリーの法則といいます。

小川正孝は、このX線を測定する方法が有効であることを知って、生前何とか自分の発見したニッポニウムのX線を測定しようといろいろな人に相談しました。実は実際に測定していたのですが、それを発表することなく1930年に世を去りました。

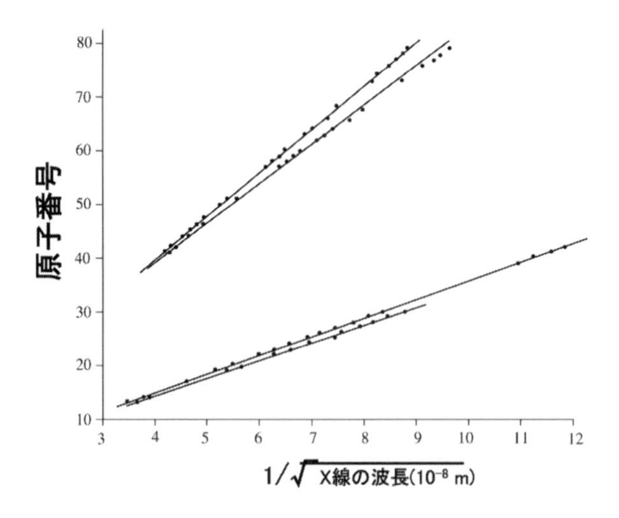

図34　元素から出てくるX線の波長と原子番号の関係

Rh　ロジウム
―自動車触媒―

45 Rh

かなりの難読元素です。Rhは英語では「rhodium」で、「ロジウム」と読みます。Hを発音しないのはフランス語がもとになっているからだと思っていましたが、調べてみたら、ロジウムというのは、ギリシャ語のバラ色を意味するrhodeosが語源のようです。英語のroseです。ギリシャ語もHを発音しないので、ロホジウムではなくロジウムなのでしょう。

ロジウムは、白金（Pt）によく似ています。周期律表のロジウムを中心とした部分を拡大したのが図35ですが、この6つの元素はいずれも白金に似ていて、「白金族元素」とひとくくりで扱われることもあります。この6つの元素は、いずれも産出量が少ないレアメタルです。共通の性質としては、銀色に輝いていること、融点が高いこと、酸に溶けにくいことなど、い

	Ru ルテニウム	Rh ロジウム	Pd パラジウム	
Re	Os オスミウム	Ir イリジウム	Pt 白金	Au

図 35　白金族元素

ろいろあります。その中でも応用として重要な性質は、触媒としての機能が高いということです。現在、白金族元素はほとんどが触媒材料として使われています。特に自動車の排気ガスの浄化や、燃料電池車の電池の電極などへの需要が急激に増加しています。ただ、いかんせん生産量が少ないので、資源の枯渇や価格の高騰が懸念されていて、これらの白金族元素に代わる触媒がさかんに研究されています。今回取り上げるロジウムも、優れた触媒機能を持つため実際の自動車の排気ガス浄化用の触媒に使われています。

ところで自動車に使われている触媒は、排気ガスの何を除去するのでしょうか？自動車の排気ガスには、有害な窒素酸化物（NOx）や一酸化炭素（CO）、さらには燃焼しなかった燃料の炭化水素（CxHy）などがあります。これらのガスを大気中に放出しないように、まとめて除去する必要があります。そこで白金族の登場です。

実際には上の三種のガスを取り除くために、白金、ロジウム、パラジウムという３つの白金族元素を使った触媒が使われています。これを三元触媒といいます。この中で特にロジウムは、酸性雨の原因となる窒素酸化物を無害な窒素に変える役割を果たしています。この三元触媒の巧妙な点は、上に述べた３つの有害なガスの量を調節することによって、お互いのガスを無害化するのに有効に使われていることです。どういうことでしょうか？

三つの有害なガスとは、一酸化炭素、炭化水素、窒素酸化物です。一酸化炭素を安全な二酸化炭素に変えるのは、酸素をくっつければいいわけです。つまり酸化反応で、燃焼と言ってもいいでしょう。炭化水素を安全な二酸化炭素と水に変えるのはやはり酸化反応です。これは燃え残りの燃料を燃やすことです。ところが、窒素酸化物を無害な窒素に変える反応だけは、酸素を取り去るわけですから酸化反応の逆です。つまりこの反応だけが上の２つの逆反応となっているわけです。ですから、２つの酸化反応を適当な速度で起こして、その反応を窒素酸化物の無害化に使えば、収支がゼロになって、すべてのガスが無害化できるわけです。実際の自動車には、コンピューターでこの３つのガスの排気速度をモニターして調節する機能がついています。

Rn　ラドン
──地震の「予知」と「予想」──

86 Rn

「ラドン温泉」という施設が各地にあります。ラドンはアルファ線という放射線を出しますが、最近は放射線の評判が悪くなったので、こういった表現は少なくなってきたと思っていましたが、いまだにあるようです。ラドンの効用を信じている人も多いのでしょう。なかには、風呂場にラドン発生装置なるものを置いて、浴槽内へラドンガスを送っている施設もあります。そのガスを吸入することもあります。また「肌からラドンが吸収されて、健康にいい」と書いてある施設もあります。本当でしょうか？

こういった放射線が体にいいという説を「放射線ホルミシス」といいます。これはアメリカのトーマス・ラッキー（1919-）という人がとなえた説です。

要するに「適度な放射線を被ばくすることは健康にとっていいことだ」という主張です。このラッキーという人は、福島原発事故の後に、「放射線を怖がるな」という本を出版し、そのなかで、年間100ミリシーベルトくらいの放射線を浴びることが最も健康に良い、などと主張しています。ちなみに日本人が自然の放射線で浴びる量は年間2.4ミリシーベルトくらいですから、100ミリシーベルトというのはかなりの量です。

この説は、一般の劇薬や有毒物質に関する「ホルミシス」という理論を放射線にあてはめたものです。たしかに有害とされる物質でも、ほんのわずか摂取するだけなら健康にいいものが多いですし、モリブデンやバナジウムなどの金属も、大量に呑み込めば死に至りますが、人間の体には、なくてはならない金属です。紫外線も同じです。大量の紫外線を浴びれば皮膚がんになりますが、少しの日光浴はビタミンDの生成に必要です。

けれども、「放射線ホルミシス」については議論があり、まだ本当かどうかよくわかっていません。こういった説を証明するためには、「放射線が体のこの細胞に当たって分子がこう変化するので健康にいい」というところまで論理的に説明しなくてはなりません。その説明が、現在の科学では全くできていません。統計的をとって推論しているだけです。たとえば、「自然放射線の強い場所に住んでいる人と、自然放射線の弱い場所に住んでいる人の寿命を比べたら、自然放射線の強い場所に住んでいる人の方が長かった」などという結果を示すようなものです。そんなことを言われても、この2つの場所に住む人が、全く同じような食べ物を食べ、全く同じような生活をしているなどということはありません。寿命が違うのは、別の原因もたくさんあるでしょう。それらを一つ一つ論理的に説明しなければ意味がありません。

さてラドンに戻りましょう。ラドンは希ガスの仲間ですから化学反応しない「ガス」です。ラドンは半減期が4日程度なので、すぐになくなってしまいます。けれども厄介なことに、ラドンはラジウムがあると、そこから一定の割合で常に発生しています。ラジウムというのは鉱石の中に結構入っていて、カルシウムやバリウムと同じような化学的性質を持っていますから、コンクリートのなかにわずかに入っています。ですから微量のラドンは、壁や塀などの建造物から常に放出されています。

もうひとつラドンと言えば、一時期「地震予知に使える」と言うことで話題になりました。地下水中のラドン濃度が、地震の起こる前に上昇するというのです。ラドンはラジウムからできますから、地殻にストレスがかかると、ラジウムからできた気体のラドンが押し出されて、地下水に出てくるというわけです。実際に地震前にラドン濃度が上昇した例はいくつか報告されていますが、いずれも「地震が起こったあとで、調べてみたらラドン濃度が上がっていた」ということが多いようです。地震予知というのは、「いつ？、どこで？、どのくらいの規模で起こるか？」ということを確実に言わなくては、被害の軽減にとって意味がありません。特に地震というのは、起こった瞬間にどこで何をしているかが生死を分けるので、「いつ？」というのを、１日、あるいは１時間、できれば１分単位で予知する必要があります。何年後に何パーセントの確率で起こるなどというのは、「予想」であって「予知」ではありません。こういう確率予想のことまで「地震予知」に含めてしまうから混乱が生じます。いずれにしても地震がいつ起こるかという予知に関しては、ラドン測定による地震予知は、まだまだ課題がありそうです。現在では「地震予知」という科学そのものを疑う学者も多くなっています。

Ru　ルテニウム
――生物における右と左――

44 Ru

少し前になりますが、2000 年、2001 年、2002 年と３年連続で日本人がノーベル賞を受賞し、日本の科学界は活気づきました。このころから日本人のノーベル賞受賞者は急激に増え始め、2000 年以降の科学部門のノーベル賞受賞者数は、アメリカに次いで日本は世界第２位になりました。日本人としてうれしいことです。2000年から2002年の日本人のノーベル賞は化学賞が多く、2000年が白川英樹（1936-）、2001年が野依良治（1938-）、2002年が田中耕一（1959-）でした。このうち野依良治氏の受賞理由は、「キラル触媒による不斉合成反応の研究」です。なんだかわからない言葉だらけで、内容を理解できる人は少ないでしょう。これは一種の触媒反応で、その触媒として出てくるのが、今回取り上げるルテニウム（Ru）です。ちょっと復習してみましょう。

そもそも「キラル」などという聞き慣れない言葉が出てきます。「キラル」（chiral）は英語の発音通り、「カイラル」とも書きますが、語源はギリシャ語の「手」のことです。右手と左手を見てください。この2つはちょうど真ん中に鏡があるように反対の形をしています。つまり絶対に重ね合わせることができません。実はこのようなことは、有機分子にもあります。これは炭素のところの図7（40ページ）で説明しました。私たちの体も有機分子からできているのですが、驚くべきことに、この2つの形のうちのどちらか一方しかありません。いやすべての生物の有機分子がそうです。仮に左側の形とすると、全部左の分子から派生した同じような形をしているのです。右の形はないのです（ただし例外もいくつか発見されています）。太古の世界で生命が何らかのはずみで誕生した時に、どうして右と左が半々ではなく、左だけができたのでしょうか？ これは生命に関する最大の謎のひとつです。

さて、私たちの体の分子はすべて左の形の分子だけでできていますし、体内を流れる体液もすべて左、バイ菌もすべて左、食べ物もすべて左です。つまり生態系というのは、すべて左だけの分子で回っているのです。そうすると困ることもあります。薬を作るときに、自然からとった漢方薬ならいいのですが、化学的に合成した薬は、左右半々なので、効かないのです。むしろ左右半々の薬は人体にとって有害で、病気や障害を起こします。

野依氏がノーベル賞を受賞したのは、左の分子だけを合成する方法なのですが、その時に使われたのがルテニウム触媒です。なぜルテニウムを使うと左側の形だけ作ることができるのでしょうか？

図36はルテニウム触媒を使ったときの反応中の有機分子を模式的に書いたものです。触媒として使う金属は、いったんはこういった有機分子と金属の化合物をつくります。真ん中にルテニウムがあり、その周りを大きな有機分子

が取り囲んでいます。これを見ると、真ん中のルテニウムから六本の手が伸びていることがわかると思います。つまりルテニウムから出ている手は方向性を持っていると言うことです。これはルテニウム原子の 4d 軌道という電子の軌道が方向性を持っているからです。つまりこの方向性をうまく使うことによって、有機分子の反応を立体的に制御し、これによって左の分子だけを作ることができるのです。このように、左側の形の分子だけを選択的に合成することを「不斉合成」といって、薬を合成するときに最も重要な反応となっています。これによって、漢方によらなくても、人工的に左だけの薬を作ることができるようになりました。

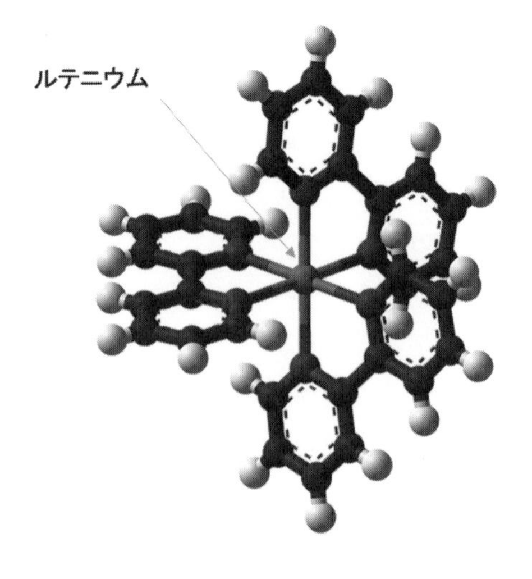

図 36　反応中のルテニウム化合物の立体配置

S　イオウ
―イオウな匂い―

16 S

火山や温泉に行くと異様なにおいがします。ダジャレではありませんが、この「いよう」な匂いが「イオウ」です。「硫黄（いおう）」ともかきます。この匂いは、実際は硫化水素と言って、水素とイオウからなる気体の分子です。これは、もともと火山に硫化水素やイオウの酸化物である二酸化イオウが多く含まれているからです。この硫化水素ガスは、極めて有毒で、空気中にたった0.1％くらいあるだけで人間は即死してしまいます。硫化水素ガスは、卵が腐ったような臭いにおいがするので、最初はすぐわかります。しかし人間の鼻というのは匂いにすぐ慣れてしまうので、硫化水素ガスの中に長時間いると匂いを感じなくなってしまって危険です。実際、2015年3月に、秋田県の乳頭温泉で3人の人が硫化水素ガスを吸って亡くなっています。温泉だけでなく、地下の作業現場でも時々腐食した物質から出る硫化水素ガスを吸ってしまうという事故がよく起こります。

また最近は硫化水素ガスによる自殺者が増えています。こういったことは、誰かがやると、連鎖反応的に流行するので厄介です。ついこの間まで、ある会社が、硫化水素が入った入浴剤を売っていて、腰痛や肩こりに効くという評判でした。しかしこれを使った自殺者が出てから、製造中止になりました。

イオウは周期律表で酸素の下ですから、マイナス2価が安定です。実際、イオウと金属などの化合物は「硫化物」といって、ほとんどがマイナス2価のイオウでできています。ここで、塩素とリンのところで触れたことを思い出しましょう。周期律表を見て、塩素はマイナス1価、リンはマイナス3価と思いきや、その他にもいろいろな原子価があるという話です。実はイオウも同じで、非常にたくさんの原子価があります。受験生には気の毒です。ちょっとまた整理してみましょう。

硫化物	M-S	sulfide	イオウは -2価
イオウ	S	sulfur	イオウは0価
チオ硫酸（次亜硫酸）	S_2O_3	thiosulfuric acid（thiosulfate）	
亜硫酸	SO_3	sulfurous acid	イオウは +4価
硫酸	SO_4	sulfuric acid（sulfate）	イオウは +6価

ということです。一番右にイオウの形式的な原子価を書きました。イオウの原子価は何と -2価から +6価まで、差し引き8価の開きがあります。つまりイオウはプラスにもなるしマイナスにもなるし、中性でも安定に存在するとい

う、極めてユニークな元素です。

ところで、チオ硫酸のところの原子価を書きませんでした。このチオ硫酸というのは、図 37 のようになっています。この図では、水素は二個くっついて全体で中性になっています。2 つのイオウ原子がありますが、この 2 つは実は同じではありません。真ん中のイオウは プラス 6 価で、その周りに酸素がくっついていますが、左側に書いたイオウは逆にマイナス 2 価でイオウにくっついています。同じ分子の中に、プラスとマイナスになった同じ元素が 2 つあるという非常に変わった分子です。

さて、イオウは、私たちの体の中でも重要な役割を果たしています。有機分子は、炭素、酸素、水素、窒素といった軽い元素でできていますが、中にはイオウのように重い元素も入っています。特に、「必須アミノ酸」という体にとって必要なアミノ酸の中には、システイン、メチオニンといったイオウを含む物があります。このシステインというアミノ酸は非常に重要な役割をしています。システインという分子の端は、イオウと水素でできたチオール（-SH）というものになっているのですが、これが 2 つくっつくと –S-S- という形になります。これを「ジスルフィド結合」といいます。このジスルフィド結合が、アミノ酸がつながってタンパク質ができるときの立体的な配置を決めるのに重要な役割を果たしています。具体的な例としては、髪の毛があります。天然パーマと言って、髪の毛が生まれつきクルクルとカールしている人がいます。そのクルクルとカールしている原因が、このジスルフィド結合です。イオウとイオウがくっつくことによって、毛の中に力学的なストレスがたまり、自然に髪の毛がパーマになるのです。これを頭髪剤で強制的に起こすこともできます。イオウもなかなかの働き者の元素です。

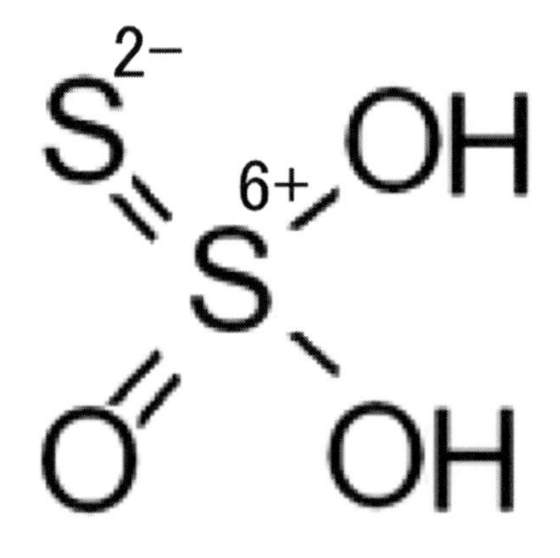

図 37　チオ硫酸の構造

Sb　アンチモン
——安質母尼？——

51 Sb

アンチモンとはちょっと変わった名前ですね。英語では「アンチモニー」と発音します。元素らしくありません。しかもその発音は元素記号のSbと全く関係ありません。謎の元素です。実際、なぜアンチモンというのかはよくわかっていないようです。元素の名前は、ギリシャ語やラテン語に由来するものが多くあります。ギリシャ語説によると、「アンチ」というのは「アンチ巨人」のように「何々でない」という意味、「モン」は「モノス」のことで、これは「単独の」という意味です。ですからアンチモンは、「単独でない」というような意味になります。つまりアンチモンというのは、単独の元素として存在することが難しいというわけです。この説が正しいかどうかわかりませんが、いずれにしてもアンチモンという元素が、単独の元素として存在しにくく、空気中では常に化合物か合金の形で存在していることは事実です。ちなみに、元素記号のSbは、アンチモンの原石である「輝安鉱」という鉱石のラテン語である「Stibium」からとられています。

一方、漢字ではアンチモンのことを「安質母尼」と書きます。これは中国語の表記で、これを音読み（中国語で発音）すると、「アンチモニー」になります。中国は元素記号をすべて漢字1文字で表しますので、アンチモンは「銻」（金偏に弟）と書きますが、「安質母尼」も使われています。

アンチモンは、その名の示す通り、単独で存在しない元素ですから、当然化合物としての使い方がほとんどです。その中でも、インジウムとアンチモンの化合物が半導体として使われています。特に赤外線検出するセンサーや赤外線を電気に変えるフォトダイオードとして使われています。なぜインジウムとアンチモンの化合物なのでしょうか？これについては、ガリウムのところで少し触れましたが、もう一度復習しましょう。

ガリウムのところに出てきた75ページの図17を見てください。真ん中のIVと書いてある列は、上から炭素（C）、ケイ素（Si）、ゲルマニウム（Ge）、スズ（Sn）と並んでいます。これらの元素でできた物質を見てみると、上から下に行くほど電気が流れやすくなっています（ただし炭素でできた物質をダイヤモンドと考えます）。ダイヤモンドは全く電気が流れませんし、ケイ素（シリコン）、ゲルマニウムは電気が少し流れる半導体です。スズはほとんど電気が流れる金属と言っていいでしょう。IVの列に比べて、IIIと書いた列の元素は電子が1個少なく、Vと書いた列の元素は1個多いですから、IIIとVを組み合わせた物質は、IVと電子の数が同じになります。ですから元素記号で書くと、BN、AlP、GaAs、InSbといった化合物も、IVの元素と似たような電気的性質を持ちます。

この中で一番重いのがインジウムとアンチモンの化合物（InSb）です。ガリウムのところで示した76ページの図18で考えると、電子が詰まっているところ（価電子帯）と空いたところ（伝導帯）のエネルギーの差、つまりバンドギャップが、インジウム－アンチモン化合物の場合は、0.17ボルトしかありません。0.17ボルトというのは、光のエネルギーにすると赤外線の領域です。ですからインジウム－アンチモン化合物に赤外線が当たると、効率よく電子が価電子帯から伝導帯に移るので、電気的な性質が変わります。これを利用して赤外線センサーやフォトダイオードとして使われています。

Sc　スカンジウム
――軽いのに希少な金属――

21 Sc

スカンジウムは金属元素ですが周期律表を見ると、かなり上の方にあります。原子番号21番ですから金属として一般によく使われている元素としては、マグネシウム、アルミニウムに次いで軽い元素です。地殻中の元素の存在度を示すクラーク数も31番目と上位で、銅の半分くらい、鉛と同じくらいあります。それにもかかわらずスカンジウムは、一般の材料としてほとんど使われていません。適当な鉱脈がないということもありますし、極めて酸化しやすいために金属として取り出すことが難しいという点もスカンジウムの利用を困難にしています。実際に金属として取り出すことに成功したのは1956年のことです。スカンジウムは極めて新しい金属と言ってもいでしょう。

スカンジウムの1年間の生産量は、なんと0.5トン（500キログラム）しかありません。ちなみに、周期律表の隣のチタンは10万トン、アルミニウムは3000万トン、鉄に至っては、12億トンも1年間に生産されています。いかにスカンジウムの生産量が少ないかがわかります。そのため、価格も金の2分の1程度と、材料として使うにはかなり高価です。

スカンジウムが最も使われているのは、アルミニウム合金です。アルミニウムは軽いので、飛行機の機体や電車の車体に使われていますが、実際はアルミニウムと他の金属の合金です。アルミニウムに混ぜる金属としては、亜鉛(Zn)、マグネシウム（Mg)、銅（Cu）などがあり、これらの金属を混ぜた合金を「ジュラルミン」と言っています。これに対して、アルミニウムにスカンジウムを少しだけ混ぜた合金は、非常に硬く強度があるのですが、いかんせん高価なので、大量に使うところには向いていません。旧ソ連時代に、ミグ29戦闘機の機体に、アルミニウムとスカンジウムの合金が使われていたといわれていますが、確かなことはわかりません。スカンジウム合金の研究が日本や欧米で本格的に始まったのは、つい最近の1990年代からです。

さて、硬くて強度が強いアルミニウム—スカンジウム合金の利用は、現在では高級自転車のフレームなど、少量でも採算の合う部分に限られています。また金属バットにも、アルミニウムとスカンジウムの合金でできたものがあります。

最近は、半導体素子（半導体チップ）の配線にもアルミニウムースカンジウム合金を使うアイディアもあります。半導体素子というのは、シリコンなどの半導体が積層した構造をしていて、その間を細い電線でつないで電気が流れるようにしたものですが、その電線には、金、銅、アルミニウムなど電気をよく通す金属が使われます。ところが、半導体素子の大きさがどんどん小さくなってくると、その電線の幅が細くなってきます。その幅が原子の大きさに近づいてくると、壊れやすくなってきます。その点、アルミニウムースカンジウム合金は、細くても強度があり、しかも電気をよく通すので、将来の配線材料として有力視されています。

Se　セレン
―なつかしい「セレン整流器」―

34 Se

電気工作が好きな年配の方は「セレン整流器」を覚えておられると思います。板が3枚くらい重なった5センチ角くらいの部品です。整流器というと堅苦しいですが、要するにダイオードのことです。電気を一方向にしか流さないもので、交流を直流に変えるときに使います。

このセレン整流器は、現在の半導体ダイオードの走りのようなものなのですが、驚くべきことに、すでに1929年にドイツ人によって日本の特許が出され、1935年ころには日本電気や東芝といった大きな会社で実用化の研究が行われていたことです。このころは整流器というと、二極真空管が全盛の時代で、まだ半導体ダイオードというものはありませんでした。

二極真空管の原理である電子放出についてのエジソン効果が発見されたのが1884年ですが、驚くべきことに、その8年前の1876年には、セレンの整流作用は発見されていました。半導体ダイオードの理論が、ショットキー（1886-1976）やモット（1905-1996）という大学者によって提唱されたのが1939年ごろですから、そのだいぶ前からすでにセレン整流器は実用化されていたことになります。難しい理論がなくても、事実としての現象や応用が先行したいい例です。

セレン整流器は図38のようになっています。鉄やアルミニウムなどの金属の板の上に薄いセレンの膜をつけ、その上にさらにカドミウムなどの金属をつけた3層構造になっています。セレンは半導体なので、電気が少ししか流れない性質を持っています。ですから、この構造は、金属→半導体→金属という構造になっています。これを電線でつなぐと、1方向しか電気が流れなくなります。どうしてそうなるのでしょうか？これを説明するのは非常に難しいのですが、単純化して図39に書きました。

これは今まで何回か出てきた電子のエネルギー準位の図です。左の図を見てみましょう。金属は価電子帯というところに電子がいっぱい詰まっていて、この電子が動くことで電気が流れます。金属中の電子が動ける一番上のレベルを、物理学者のフェルミにちなんで「フェルミレベル」といいます。その右に書いてあるのが半導体です。半導体は価電子帯に電子が詰まっていますが、それだけでは電気が流れず、少し上の「伝導帯」と書いたところに電子が入ると電気

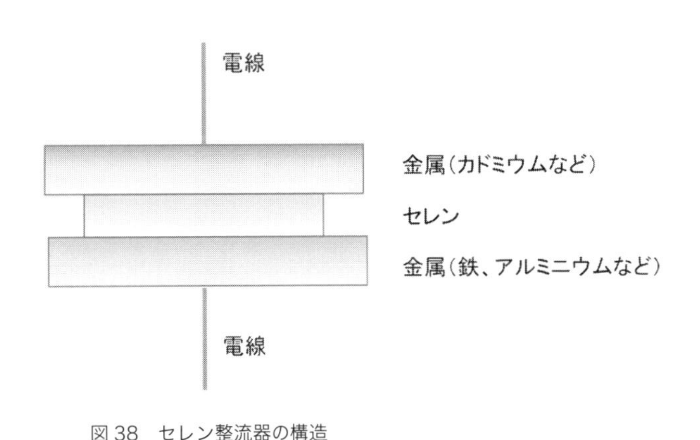

図38　セレン整流器の構造

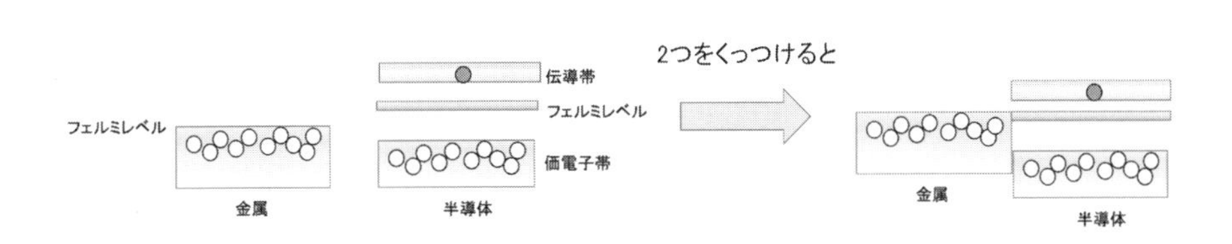

図39　金属と半導体の電子のエネルギーレベル

が流れます。半導体にフェルミレベルはないのですが、価電子帯と伝導帯の中間に仮想的なフェルミレベルを考えましょう。次に、金属と半導体をくっつけると右の図のようになります。同じ連続した固体なので２つのフェルミレベルが一致する必要があります。この右の図を見ると、価電子帯にある電子のレベルが、金属と半導体で違っていることがわかるでしょう。つまり、「最初は別々だったフェルミレベルが、くっつくことによって一緒になり、その結果、金属と半導体で電子のエネルギーに差ができる」ということです。その結果、電子は一方向にしか流れなくなります。この図では、金属から半導体に電子が流れますが、反対に半導体から金属へは流れにくくなります。

実際はもう少し詳しい説明がいりますが、一般的にいうと、フェルミレベルの異なる２つの物質をくっつけると、２つの価電子帯のエネルギーが変わり、電子が一方にしか流れなくなる、と言うことです。

セレン整流器は現在ではシリコンダイオードなどに置き換わり、今日ではほとんど使われていません。「セレン整流器」と言いう郷愁をそそる言葉も、だんだん消えていくでしょう。

Si　ケイ素
――同じ４価なのに大違い――

14 Si

ケイ素は漢字で「珪素」と書きます。中国では１文字の「硅」で、日本語の王偏が、なぜか石偏になっています。ケイ素はケイ酸塩として岩石の成分なので、石偏の方がいいような気もします。日本でも硅素と書くこともありますが、珪素の方が一般的です。ケイ素は最近では「シリコン」と言った方がわかりやすいでしょう。

さて、ケイ素は地殻の中で酸素の次に多い元素です。ほとんどがケイ酸塩、つまりケイ素と酸素の化合物として、岩石や砂などの主要成分となっています。ケイ素と酸素の結合というのは非常に安定で、固体のケイ酸イオンや石英になります。地殻の下のマグマも、ケイ酸塩がドロドロに溶けたものです。これほど豊富にあるケイ素ですから、資源として枯渇することはありませんし、どこの国でも採れます。

鉄が重工業の「産業のコメ」であるならば、シリコンは「IT 産業のコメ」と言えます。現在使われているパソコンや携帯電話などの中にある半導体材料は、ほとんどがシリコンでできています。シリコンに代わる材料も開発されていますが、まだまだシリコンの優位は動きません。

さて、周期律表を見てみましょう。ケイ素は炭素の下にあります。周期律表というのは縦の列で性質が似ていますから、炭素とケイ素は似ていると予想されます。実際、原子価の状態は、いずれもプラス 4 価が安定で、そのこと自体は似ています。ところが実際には、炭素とケイ素の性質は全く違います。先ほど、「ケイ素と酸素の結合というのは非常に安定で、固体のケイ酸イオンや石英になる」と書きました。炭素と酸素の結合も極めて安定ですが、この 2 つが結合すると一酸化炭素や二酸化炭素になります。要するに気体です。このことからもわかる通り、「ケイ素―酸素」と「炭素―酸素」の結合の様子は全く違っています。もう少し見てみましょう。

図 40 の左側はケイ素と酸素でできている石英です。ガラスの構造もほとんど

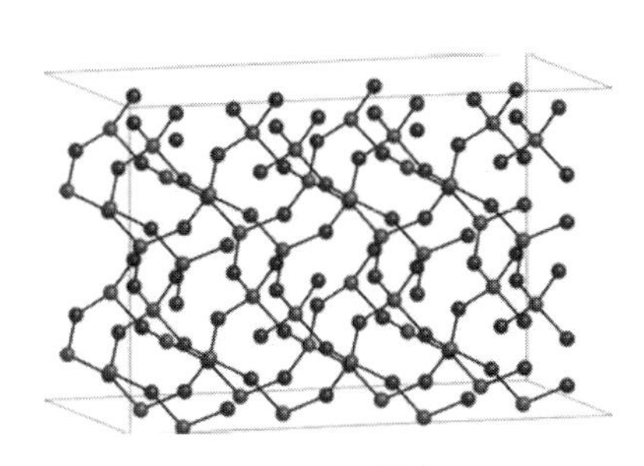

● 酸素
● ケイ素

O=C=O

図 40　石英（左）と二酸化炭素（右）

ど同じです。ケイ素原子からは４本の手が伸びていて、酸素とつながっています。酸素原子の方は２つのケイ素原子に挟まれています。これが無限に広がっていて、固体を形成しています。ところが炭素と酸素の場合はどうでしょうか？これを右に示しました。これは二酸化炭素分子です。石英のように無限に広がっている固体はなく、炭素が２つの酸素と日本の手でそれぞれ結ばれているだけです。ドライアイスというのは、固体の二酸化炭素ですが、本質的にはこれと同じで、分子がお互いに弱くくっついたものです。このように酸素との化合物は、炭素とケイ素で全く異なります。

実はこのことは、何も酸素との化合物だけでなく、炭素だけ、ケイ素だけでできた物質についても言えます。図41の左側は炭素だけ、あるいはケイ素だけでできた固体の構造を示しています。この構造は一つの原子が四面体方向に４つの原子とくっついて、それが無限に広がっています。この構造を「ダイヤモンド構造」といいます。ケイ素は確かにこの構造が安定で、普通にシリコン結晶を作ると、すべてこの形になります。ところがご存じのとおり、炭素でできたダイヤモンドというのは、極めて作ることが難しく、高い圧力をかけて特殊な条件でしか生成しません。炭素の場合は、普通に結晶をつくると、右側のように六角形の蜂の巣が重なったような構造になります。これはグラファイト構造と言われるもので、鉛筆の芯がこれです。ケイ素はこのような構造はとり

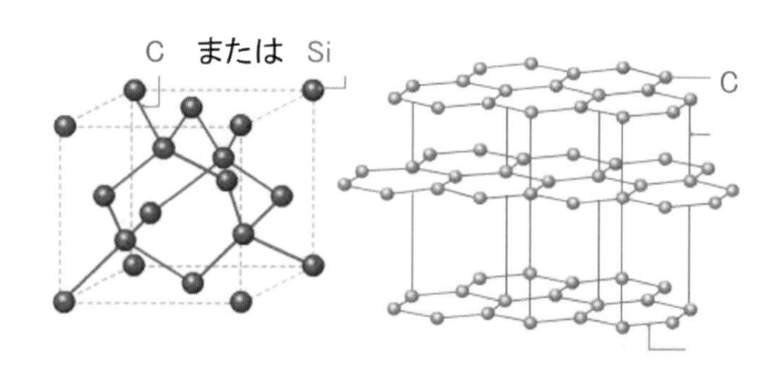

図41　炭素だけ、またはケイ素だけでできた固体の安定な構造

ません（もっとも最近、右図のような構造のシリコンがあるという説も出てきて論争になっています）。

なぜ周期律表の同じ列にあるのに、これほど化学的性質が違うのでしょうか？これを説明するためには、難しい計算をしなくてはなりませんし、完全にわかっているとはいえません。いずれにしても、炭素はケイ素に比べ多様性があって、いろいろな結合を自由にとると言うことです。それが、生物が炭素でできている理由と言えます。宇宙にはケイ素でできた生物がいるのではないかという説もありますが、現在の科学ではケイ素を主体として自由に動く安定な有機分子のようなものを合成するのは非常に困難で、ケイ素でできた生物というのは考えられません。

このことを考えると、炭素とケイ素の結合の違いが、地球や生命の存在にとって極めて重要といえます。ケイ素は酸素と結合して安定な岩石を作って地殻になり、炭素は自由に結合するので生命体を作る骨格になっています。もし炭素とケイ素の結合様式が似ていたら、全く違った世界になっていたでしょう。

Sm　サマリウム
――科学に名を残した軍人――

62 Sm

周期律表の元素の名前には、人名にちなんだものがあります。特にウランより重い「超ウラン元素」は、多くの元素名が偉大な科学者にちなんでつけられています。キュリウム（Cm）、アインシュタニウム（Es）、フェルミウム（Fm）、メンデレビウム（Md）、ノーベリウム（No）など、誰でも知っている科学者の名前が出てきます。今回お話しする「サマリウム」は、ロシア人のワシーリー・サマルスキー・ビホヴェッツ（1803-1870）という人の名前にちなんだものです。

このサマリウムは、人名にちなんで名付けられた最初の元素名です。けれども、サマルスキーという人は、あまり知られていません。実はサマルスキーは、ロシア帝国の軍人です。なぜ軍人の名前が元素名になったのでしょうか？

サマルスキーは軍人なのですが、最初は鉱山学校で学び、従軍後も軍の鉱山技師として活躍しました。サマルスキーはウラル地方に従軍していた時、新しい鉱石を見つけました。当時のロシアはまだまだ科学の後進国でしたから、この鉱石が本当に新しい種類のものなのかどうかという科学的な鑑定は、ヨーロッパの先進国に相談するのが普通です。サマルスキーもこの鉱物をドイツの鉱物学者に送って鑑定してもらった結果、この鉱石は、新しい種類の鉱物として認められました。サマルスキーがしたのはそこまでです。その後、その鉱物の中からニオブなどの新しい元素が発見され、結構重要な鉱物であることがわかり、これを提供したサマルスキーにちなんで、「サマルカイト」と名付けられました。サマルスキーはまず、鉱物の名前として名を残したわけです。

ところがその後、このサマルカイトから、次々と新しい元素が発見されました。この新しい元素というのは、一連の希土類（ランタノイド）元素です。その中のひとつが「サマリウム」です。サマリウムは、この時発見された一連の希土類元素のひとつですが、サマルカイトにちなんで名づけられました。つまりサマルスキーという人は、鉱物の名前→元素の名前、とだんだん昇格し、歴史上に名を残すことになったわけです。実に幸運な人です。

さて、サマリウムは希土類元素のひとつなので、他の元素と同じように光学材料や磁性材料として使われています。特にサマリウムとコバルトとの合金は磁石としての性質が優れているので、強力な永久磁石として使われています。以前、ネオジム(Nd)のところで、最も強力なネオジム磁石について触れました。サマリウム―コバルト磁石は、ネオジム磁石よりは弱いのですが、より高温で使えるという利点があります。

磁石を加熱していくと、ある温度で突然磁石としての性質を示さなくなります。この温度をキュリー温度（キュリー点）と言います。この「キュリー」というのは、あの有名なキュリー夫人の夫であるピエール・キュリーのことです。ピエールは、キュリー夫人の陰に隠れて損な役割を演じていますが、実はキュリー夫人と共同で放射能の研究をする前から優れた物理学者でした。特に固体物理に関しては、現在でも重要な原理や法則を発見しています。そのひとつがキュリー温度です。

キュリー温度は、現在の科学では、磁性をつかさどる電子の回転（スピン）が、高温になるとバラバラになることで説明されています。ネオジム磁石のキュリー点が約 300℃ と低いのに対し、サマリウムーコバルト磁石のキュリー点は約 800℃ なので、温度が高い条件でも使うことができます。

Sn スズ
――大和言葉の元素　その 2――

50 Sn

スズは英語で tin といいます。国際会議などでは、耳を澄ませていないと聞き逃してしまいそうな短い言葉です。ただ、「スズの」という形容詞は「stannic」（4 価のスズ）あるいは「stannous」（2 価のスズ）といいます。結構ややこしいですね。

スズは漢字で「錫」と書きます。これはれっきとした日本語、つまり大和言葉です。これは、古くからスズという金属が日本で使われていたことを示しています。大和言葉が元素名になっている例として、もうひとつ「鉛（なまり）」があることはすでに述べました。スズも鉛も融点が低く、比較的製錬が簡単であり、しかも加工性に優れているので、いち早く日本でも使われたのでしょう。スズの精錬技術がいつごろ日本に伝わったのかはよくわかりません。金属のスズは奈良時代に製錬技術が伝わり普及したという説もありますが、少なくとも青銅器文化のころにはスズの生産が行われていたと考えられます。青銅というのは、銅とスズの合金だからです。日本の場合は鉄器文化と青銅器文化が並行して起こっているので、鉄が農機具や武器として使われているのに対し、青銅の方は主に祭祀に使われました。

世界の歴史においては、スズの歴史は極めて古く、有史以前からといわれています。中国では紀元前1300年より前に、すでに青銅器文明が栄えていたことは確実です。紀元前3000年にはすでに青銅器が使われていたという説もあります。ヨーロッパや中東でも、同じころに青銅器時代がありました。

製鉄技術の発展に伴い、青銅器はだんだんすたれていき、それに伴いスズの需要も減ってきました。ところが、鉄は錆びやすいという欠点があります。そこで中世期以降になると再びスズが使われるようになります。それは鉄の表面をスズで覆う「メッキ」です。現在でも「ブリキ」として知られていて、缶詰のカンなどに使われています。初めてブリキが作られたのは、現在のチェコのボヘミアで、13世紀と言われています。ブリキの技術は19世紀になってヨーロッパで大いに発展し、缶詰も作られるようになりました。この缶詰は戦争用に大いに役立ち、ナポレオンの大遠征にも貢献したといわれています。

話は変わりますが、マレーシアは東南アジア諸国の中でも、工業化に成功した国として知られています。首都のクアラルンプールにあるペトロナスツインタワーは、20世紀にできた超高層ビルとしては世界一高い452m、88階もあります。このようにマレーシアが経済発展したのは、長く首相をつとめたマハティールの指導のもとで、従来の農作物の輸出や観光に依存した体質からの脱却を果たしたからと言われています。そのときは、2020年に先進国入りするとの目標が掲げられました。このように経済発展著しいマレーシアですが、実はその前から大きな経済収入源がありました（もっとも、主にお金を儲けたのは、マレーシアを植民地としていたイギリスですが・・・）。それが「スズの採掘」です。

マレーシアはもともとオランダの植民地でした。17世紀にオランダの東インド会社がスズ鉱山を開発し、ヨーロッパにスズを輸出し利益を上げました。その後イギリスが進出し、1824年の英蘭協定によって、マレーシアの分割が決まりました。そしてイギリスの植民地のもとでスズ鉱山の開発が飛躍的に進み、イギリスは莫大な富を得ました。そのスズが最も使われたのが「ブリキ」です。どうしてブリキでそれほどの利益が上がったのかわからない方もいるかもしれません。実は「鉄がさびる」というのは、経済活動にとって非常に大きな損失なのです。たとえば、鉄鋼のさび（腐食）に要する経済損失は1997年のデータですが、日本では3兆円で、GDPの1.5パーセントもあります。もし鉄がさびなければ、GDPは1.5パーセントも増えるということになります。日本は比較的、さびを防ぐ技術が発達していますが、中国やインドでは、GDPの5パーセントも損失があるそうです。つまり「鉄がさびる」のを防げば、それだけ莫大な経済効果があるというわけです。昔はステンレスなどのさびない金属がまだありませんでしたから、さらに大きな経済損失があったでしょう。そこで、多くの鉄製品にスズのメッキが施されました。ブリキは当時の世界の経済を支配する重要なものだったのです。

Sr　ストロンチウム
──核分裂で多くできる元素──

38 Sr

2011年3月に起こった福島第一原子力発電所の事故では放射性セシウム、放射性ヨウ素などとともに放射性ストロンチウムも問題となっています。放射能が問題となっているのは、質量数が90のストロンチウム-90という核種です。なぜストロンチウム-90が問題となっているのでしょうか？セシウムやヨウ素のところで概略を述べましたが、もう一度復習してみましょう。

セシウムのところで出した57ページの図12をもう一度見てみましょう。この図は原発の燃料であるウラン-235が核分裂を起こした時の核分裂生成物の分布です。この左の山の頂上にあるのが、ストロンチウム-90です。つまり、ストロンチウム-90はウランが核分裂した時に、最も多くできる核種のひとつと言ってもいいでしょう。この図を見ると、右の山の頂点にあるのがセシウム-137で、その生成量はほぼ同じくらいです。ただし、この分布は原子炉の運転状況などによってかわります。実際に福島第一原子力発電所の事故で放出されたストロンチウム-90の量は、セシウム-137の100分の1程度といわれています。ストロンチウム-90の半減期は、約29年で、これはセシウム-137とほぼ同じです。ですから、セシウムのところで述べたとおり、長すぎもなく、短すぎでもなく、「都合の悪い長さ」なので、環境中に残ったストロンチウム-90の影響は重要です。ただ、放出される放射線や、人間の体に与える影響は、セシウムとストロンチウムでは少し違っています。

ひとつは、セシウム-137がひとつ崩壊するとガンマ線とベータ線が1個ずつ放出される（セシウムの項の図11参照）のに対し、ストロンチウム-90からはベータ線だけが2個放出されると言うことです。つまり、ストロンチウム-90からはガンマ線が出ません。ガンマ線というのは空気による吸収がほとんどないので、空気中をはるか遠くまで飛んでいきます。したがって、サーベイメーターなどの放射線検出器を置けば、地面や建物、木などからでてくるガンマ線の量がわかります。ですから放射線のモニタリングポストというのは、主にガンマ線を測定しています。最近では飛行機やドローンに放射線検出器を載せて、そらから地上のガンマ線の強度や分布を測ることも試みられています。ところが、ベータ線は空気で止まってしまいます。ですから正確な量を測定するためには、試料からストロンチウムを化学的に分離して特殊な放射線計測器を使わなくてはなりませんので、非常に時間がかかります。

もうひとつ、セシウムとストロンチウムの違いは、体内に入った時の挙動です。セシウムはナトリウムなどと同じアルカリ金属なので、塩の成分と似ていて、水に溶けて尿として放出されます。一方、ストロンチウムは骨の成分であるカルシウムと似ていますから、骨に集まりやすいという性質があります。ですから、同じ量だけ飲み込んだときにどのくらい人体に対し影響を与えるか（実効線量といいます）という点では、ストロンチウム-90の方がセシウム-137の2倍程度となっています。ただ、先ほど述べたように、放出されたストロンチウム-90の量は、セシウム-137の100分の1程度といわれていますし、セシウムの方が蒸発しやすく空気中を遠くまで飛びやすいという性質があるので、現在実際に問題となっている汚染は主にセシウム-137の方です。

Ta タンタル
——よくわかっていない融点——

73 Ta

タンタル（Ta）は、英語で tantalum ですから、「タンタルム」でなくてはなりませんが、なぜか最後の「ム」が日本語では発音されません。

タンタルは融点、つまり溶ける温度が非常に高い金属です。ただし周期律表の元素の融点としては、炭素（ダイヤモンド）が一番高く 3550℃ です。その次はタングステン（3410℃）、レニウム（3180℃）、オスミウム（3045℃）と続き、タンタル（2996℃）は 5 番目です。しかし材料としてみた場合、ダイヤモンド、レニウム、オスミウムは高価すぎて使えません。タングステンは比較的安く、実際に電球のフィラメントなどに使われていますが、加工性が悪く、切ったり、折ったり、ネジを切ったりすることが困難です。ですから、タンタルは実質的に材料として使うことができるもっとも融点が高い金属と言えるでしょう。

タンタルの化合物には、もっと融点の高いものがあります。実はタンタルとハフニウムと炭素の比が 4 対 1 対 5 の化合物（式で書くと Ta_4HfC_5）という物質は、世の中のすべての固体の中で、もっとも融点が高い物質と言われています。この物質の融点は、実に 4215℃ もあります。一時期は、タンタルと炭素だけの炭化タンタル（TaC）という物質が、すべての物質の中で一番融点が高いといわれていました。ですから、今後ももっと融点が高い物質が見つかるかもしれません。

ただし融点というのは、1 気圧で固体が溶け始める温度です。圧力が変われば、当然融点も変わります。一般に、金属は圧力を上げていくと、融点は少しずつ上がります。逆に圧力を下げていくと融点は下がります。ちなみに物質の沸点となると、気圧によってさらに大きく変わります。ですから融点とか沸点という基礎的な物性は、きちんとした 1 気圧の条件で測らなくてはなりません。しかし物質の融点というのは、正確に測っている人が少ないらしく、文献によってかなり開きがあります。これだけ科学が発達した時代でも、「何度で物が溶けるのか？」といった物理学の基本的なことは、意外にわかっていないのです。

さて、タンタルは高温で使う材料のほかには、電気部品のコンデンサーとしても使われています。ちなみに、コンデンサー（condenser）という言葉は正確でありません。condenseは貯めるという意味ですから、別に電気でなくても、水や食料など、何でもいいので「貯めるもの」という意味になってしまいます。電気を貯める場合は、「キャパシター」というのが正しい呼び方です。

タンタルを使ったキャパシターに使われているのは、五酸化タンタルというタンタルの酸化物です。キャパシターに使われる材料は、アルミナのような酸化物や、ポリエルテルのような有機物など、様々なものがありますが、タンタル製のものは小型でいい気な容量を持っているうえ、耐久性が良いという特徴があります。以前は携帯電話などに使われていましたが、価格が高いので、2006年ごろから他のキャパシターに置き換わっています。そのため、タンタルの生産量もだんだんと減ってきています。

Tb　テルビウム
――スウェーデンの小村――

65 Tb

スウェーデンはノーベル賞を創設したアルフレッド・ノーベルの出身地です。そのため、現在も科学系のノーベル賞の授賞式はスウェーデンのストックホルムで行われます。スウェーデンは、科学の先進国で、ノーベル賞受賞者も数多く出ています。人口1000万人当たりの科学系ノーベル賞受賞者数は、1位のスイス（19.7人）に次いで、スウェーデンは堂々の世界第2位（17.2人）です。これはイギリス（12.6人）やドイツ（8.3人）を大きく引き離しています（ちなみに、日本は1.3人で9位ですが、2000年から急に増えています）。これを考えると、スウェーデンが群を抜いて多いのがわかります。アルフレッド・ノーベルの地元と言うことも当然あるでしょうが、それにしてもすごい数です。
ストックホルムは海岸の都市で、近郊に無数の島があります。その中でも大きな島に「ヴァクスホルム」という小さな町があり、風光明媚な観光地となっています。その中に、さらに小さな村があり、その村の名を「イッテルビー」といいます。人口はよくわかりませんが、ヴァクスホルムが1万人程度なので、それよりはるかに少ない、文字通りの「寒村」でしょう。
このイッテルビーには、小さな鉱山の跡があります。この鉱山こそ、化学の歴史において極めて重要な役割を果たした場所なのです。イッテルビーと聞くと、化学を学んだ人は「イッテルビウム」を思い出すでしょう。もちろんそうです。イッテルビウムは、このイッテルビーという村にちなんで名づけられました。しかしそれだけではありません。このイッテルビーの鉱山からは、イッテルビウムのほかに、今回取り上げるテルビウム（Tb)、そして、ガドリニウム（Gd)、ホルミウム（Ho)、ツリウム（Tm)、エルビウム（Er)、イットリウム（Y）と、なんと7種の希土類元素が発見されました。しかも、イッテルビウム、テルビウム、エルビウム、イットリウムの4つの元素の名前は、何となく似ていますが、これらはすべてイッテルビーに由来する名前です。それにしても、すごい数です。ドイツにちなんだゲルマニウムや、フランスにちなんだフランシウムという国名ならわかりますが、小さな村の名前が、しかも4つもの元素の名前になっているとは驚きます。
さて、そのテルビウムですが、かつてはテレビのブラウン管に使われていました。ブラウン管というのは、ドイツのカール・フェルディナンド・ブラウン(1850-1918）という人が発明したもので、ブラウンはこの業績で電信を発明したマルコーニとともに、1909年のノーベル物理学賞を受賞しています。ただ、ブラウン管と似たような装置は、ブラウンが発明する以前にもありました。実は、レントゲンがX線を発見した装置も、トムソンが電子を発見した装置も同じようなものです。ガラス管を真空に引いて、その中の2つの電極にプラスとマイナスの高電圧をかけると、放電が起こりガラス管の中が光ります。この現象はプラス側の電極からマイナス側の電極に電子が移動し、それがガラス管内のガスに当たって光るのです。ブラウンは、そのガラス管の中に蛍光板を入れて光らせる装置を作りました。それがブラウン管です。

実際のブラウン管は、電子を出すフィラメントが奥の方にあって、そこから出る電子が、前方にあるガラス当たります。その時、ガラスの内側に光る物質を塗っておくと、外側から見るとガラスが輝いて見えます。電子が飛んでくる向きを、電場か磁場で変えることにより、画面に動く像を映し出すことができます。ブラウン管がレントゲンの装置と同じと言うことは、ブラウン管からX線のような放射線が出ていることになります。実際、つい最近までブラウン管はパソコンのディスプレイなどに使われていましたので、長時間使うことにより放射線の被ばくが問題となっていました。

そのブラウン管のガラスの内側に塗る物質のひとつとして、テルビウムの酸化物が使われました。希土類の酸化物は、バンドギャップの大きさが可視光領域において様々なので、いろいろな色を出すことができます。テルビウムの酸化物は赤い色を出すのに使われました。

ただ、ブラウン管というのは、最近は液晶やプラズマデイスプレイに置き換わってしまい、すっかり見かけなくなりました。「ブラウン管」という言葉もそのうち死語になるでしょう。

Tc　テクネチウム
──世の中にない元素　その2──

43 Tc

「テクノロジー（technology）」という言葉があります。「科学技術」のことです。とくに「科学（サイエンス）」と区別して「工学」とか「応用科学」とも訳します。テクネチウム（Tc）は、まさにこのテクノロジーを語源としています。技術によって作られた人工の元素です。いろいろな同位体がありますが、すべて放射性で、安定なものはありません。一番安定なものでも、半減期は430万年です。

テクネチウムは、すでにレニウムのところで登場しました。東北帝国大学の総長を務めた小川正孝博士が、原子番号43番の元素（現在のテクネチウムに当たる）を発見したと発表し、ニッポニウム（Np）という名前が付けられたのに、実はそれが間違いで、小川が発見したのはレニウムだったという話です。原子番号43番の元素は、「世の中にない元素」だったのです。ウランより軽い元素で「世の中にない元素」は、このテクネチウムとプロメチウム（Pm）の2つだけですから、小川は全く運が悪かったとしか言いようがありません。

今、「テクネチウムが世の中にない」と書きましたが、正確にいうと正しくありません。昔は分析の精度が悪かったので、見つからなかっただけです。実はごく微量ながら、テクネチウムは天然にも存在していることがわかってきました。星の中にもテクネチウムがあるものがあります。すべて放射性なので半減期がありますから、長い年月の間にはなくなってしまうはずです。どうして天然にあるのでしょうか？

それは、自然に起こる核分裂によって、少しずつ核分裂生成物であるテクネチウムができているからです。「自然に起こる核分裂！」というとびっくりされる方もいると思います。核分裂というのは原子爆弾から始まって、原子力発電まで、すべて人間の手によって人工的に起こすものだと思っている方が多いでしょう。けれども、自然現象としても核分裂は起こっているのです。

ウランのように重い元素はそもそも不安定です。ですからアルファ線という放射線を出して、だんだんと小さい元素に変わっていきます。ところが、プラスの陽子が92個もあるので、こんなに多いとプラスとプラスの反発力で、何もしなくてもある確率で分裂してしまいます。こういう現象を「自発核分裂」といいます。ウランで一番多いウラン-238という核種ですと、1京年（1京は1兆の1万倍）という、とてつもなく長い半減期で分裂します。つまり1京年たつと、ウラン-238の半分は核分裂してなくなってしまうと言うことです。この分裂速度を別の言い方をすると、1キログラムのウラン-238があると、そのうち1秒間に7個のウラン原子が核分裂をします。こりゃ大変だと思うでしょう。しかし心配することはありません。核分裂が怖いのは連鎖反応を起こして次々と爆発的に分裂していくからですが、この場合は1個のウランの分裂で終わってしまいます。しかも1キログラムのウランには1兆の1兆倍ほどの原子がありますので、その中の7個と言っても大した数ではありません。

さてそんな人工元素のテクネチウムですが、私たちの体に役に立つこともしています。放射性のテクネチウムを体内に注入し、外部からガンマ線を測定することにより、患部の画像を撮る「シンチグラフィー」という方法です。「放射性物質のような危ないものを体内に注入するなんて！」とびっくりされる方も多いと思います。ただそこは十分研究されています。注入するテクネチウムはテクネチウム99mという核種ですが、この「m」というのは少し安定な状態という意味です。このテクネチウム-99mは、半減期が6時間程度でガンマ線だけを出して、より安定なテクネチウム-99になります。ガンマ線は人体との相互作用が小さいので、体の細胞を壊すことなく外に放出されます。それを検出器で画像化するのです。実際は、患部に集まりやすい薬にテクネチウム-99mをくっつけた薬品を作りそれを投与します。放射性物質が、医療診断にも役立っているいい例です。

Te　テルル
――蚊取り線香――

52 Te

蚊取り線香を買ったことがあると思います。缶を開けると緑色の渦巻きが入っています。たいていは2つの渦巻きがからみあっています。この渦巻という形は、数学的には非常に面白い形で、特にトポロジーという「形」を数学的に扱う分野では大いに研究されています。蚊取り線香は、裏と表がちょっと違っているので、裏と表があると考えると、はがした2つの蚊取り線香は、右巻きと左巻きで、同じものではありません。

この蚊取り線香の渦巻を上下に引き延ばすと（実際には割れてしまいますが）、バネのような形になります。図42を見てください。これもトポロジーとして非常に面白い形で、やはり2つのバネは右巻きと左巻きになります。この2つは右手と左手のように、決して重なりません。鏡で映したような関係になっています。このバネのような形を、専門的にはヘリックス（Helix）と言い、この構造をヘリカル構造とも言います。分子の中にもこういったヘリックスがあります。一番有名なのはDNAでしょう。実は、こういったヘリックスになる「ひも状」の分子は、DNA以外にも世の中にたくさんあります。たとえばポリエチレンやナイロンといった高分子も、ある条件ではヘリックスになります。ところで、ひとつの元素だけでできた物質でも、このようなヘリックスになるものがあります。それが今回お話しするテルル（Te）です。

テルルは酸素やイオウと同じ列の元素ですが、その構造はだいぶ違います。原子状のテルルは、ひものように一次元状にテルル原子がつながった構造をしています。それがまっすぐ伸びているわけではなく、らせん状になっているのです。図43にその様子を示しました。

ところで、これは右巻きなのでしょうか、左巻きなのでしょうか？普通にテル

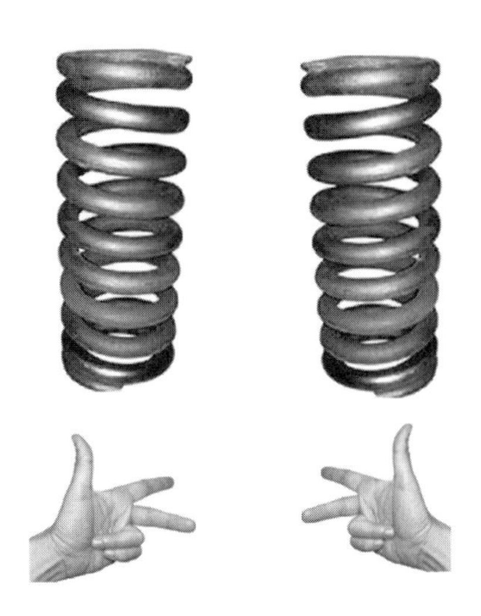

図42　右巻きと左巻きのバネ

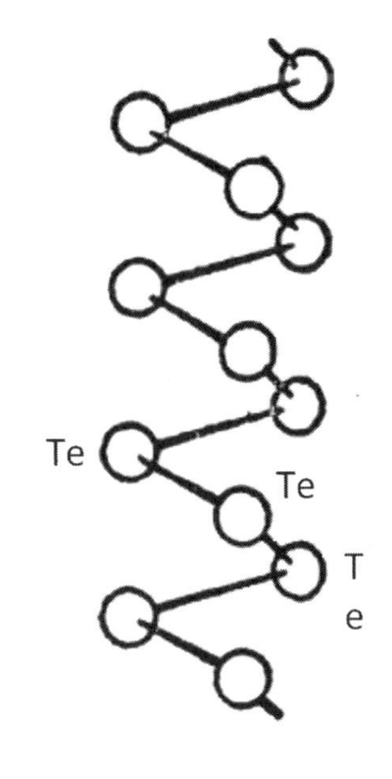

図43　一次元状のテルル

ルの結晶を作れば、右と左が半々にできるでしょう。ただ、この件について面白い話を聞いたことがあります。「南半球でテルルの結晶を合成すると右巻きの結晶が多くできるが、北半球では反対に左巻きが多くできる」というのです(もしかすると反対だったかもしれません)。よくお風呂の水を排水するときにできる渦巻きが、北半球と南半球で反対だという説があります。この説明として、地球の回転で生じる「コリオリの力」というのが、最初にできる渦巻きの方向を決め、それが連鎖的に大きくなって目に見える渦巻きになるというのがあります。ただ、この説は完全に証明されていないようです。コリオリの力は非常に小さいですし、それよりなにより、本当に北半球と南半球で渦巻きが反対かどうかもよくわかりません。

ですから先ほどのテルルの結晶の向きも、偶然ではないかと思います。もちろん化学反応が起こるときにも重力が働いていますから、その力が何らかの反応過程に影響するかもしれません。しかし重力というのは、化学結合をつかさどる電磁気力にくらべて、10 の 42 乗も小さいので、重力が化学反応に影響するとは、常識的には考えられません。

Th　トリウム
——ウランに代わる原発の燃料——

90 Th

トリウムはアルファ線を出す放射性元素です。ただ、天然にあるトリウム -232 という物質は、半減期が 140 億年もあるので、少しずつアルファ線を出します。ですからそれほど危ない物質ではありません。そのため、トリウムは放射線とは関係なく、いろいろなところに使われています。たとえば、真空で光を出したり電子を飛ばしたりするためのフィラメント（電球のフィラメントのようなものです）に使われています。フィラメントはタングステンなどの高温に耐える金属でできていますが、その表面に少しだけトリウム（実際はトリウムの酸化物）を塗ると、電子の放出量が格段に増えるため、明るく輝きます。このように、トリウムを塗ったフィラメントは、真空を使う科学の実験にはよく使われています。

さて、ウランやプルトニウムといった原子力発電の燃料として使われている元素に比べると影は薄いですが、実はトリウムも原子力発電の燃料として使うことができます。実際にインドではトリウムを燃料に加えた原子力発電も行われています。いったいどのようにしてトリウムからエネルギーを得るのでしょうか？

天然にあるトリウムは、トリウム -232 という物質で、これが核分裂します。ただ、核分裂を起こすためには、エネルギーの大きい（速度の速い）中性子が必要です。エネルギーの大きい中性子を制御する技術はまだ確立されていませんので、トリウム -232 をそのまま燃料として使うことはできません。ところがトリウム -232 がエネルギーの小さい（速度の遅い）中性子を吸収すると、トリウム -233 になり、それがさらにプロトアクチニウム -233、ウラン -233 と変化し、このウラン -233 という物質も、核分裂を起こします。そこで、この性質を使って、トリウム -232 に最初に遅い中性子を当てて、その結果できたウラン -233 を燃料として使うのです。このウラン -233 が核分裂を起こすと、遅い中性子を出すので、それをまたトリウム -232 からウラン -233 を作るのに使います。つまり連鎖反応です。

トリウムを使った原子炉は、現在商用化されているウランを使った原子炉よりも色々優れた点がありますが、なかでも資源が多いことが一番の特長です。トリウムの埋蔵量は正確にはわかりませんが、ウランの 5 倍くらいあるとも言われています。また、トリウムを使った原子炉の安全性を強調する人がいます。福島第一原子力発電所の事故では水素の爆発が起こり、放射性物質が飛び散りました。この水素は、原子炉の冷却に使われていた水が分解してできたものです。それに対して、トリウムを燃料とする原子炉は、冷却に水を使いません。「塩」を使うのです。塩と言っても、食卓塩そのものではなく、プラスの原子（分子）とマイナスの原子（分子）がペアを組んだ安定な分子のことです。これを溶かして冷却に使います。こういう物質を専門的には「溶融塩」と呼んでいます。溶融塩は水に比べて放射線に強く、しかも高温まで安定に使えます。爆発することもありません。

実はトリウムを使った原子炉で考えられている構造は、燃料のトリウム自体も、液体状態にして使うことが考えられています。先ほどの溶融塩と一緒に循環させ、核分裂によるエネルギーの発生と、熱の取り出しを同時に行います。いいことずくめのトリウム原子炉ですが、まだまだ新しい技術で、解決しなければならない問題も多く、実用化はだいぶ先のことと考えられています。最近では日本より中国の方が積極的にトリウムを使った原子炉の研究開発をしています。

Ti チタン
──太陽光から水素を作る──

36 Ti

「再生可能エネルギー」の開発がさかんです。再生可能エネルギーは、「クリーンエネルギー」、「自然エネルギー」とも呼ばれています。その中でももっともクリーンで環境にやさしいエネルギーは、太陽光エネルギーであることはまちがいありません。もっとも、屋根の上でお風呂のお湯を沸かしたり、傘のような形の鏡からの反射光で目玉焼きを焼いたりするというのは、「太陽熱エネルギー」です。この場合は、太陽の光を直接使っているのではなく、光が当たって発生する熱を利用しているだけです。ただ、この太陽熱エネルギーも最近また再評価されています。特に、冷房に太陽熱エネルギーを使うのが有効と考えられます。先ほどのお風呂ですと、寒い冬はお湯が得られなくて、逆にお湯がいらない暑い夏はたくさんのお湯ができてしまいます。ところが、太陽熱エネルギーでできる電気を冷房に使えば、夏の暑い日ほど発生する電力が大きく、冷房の能力も上がるので非常に合理的です。

それはさておき、太陽熱エネルギーに対して、「太陽光エネルギー」は、太陽から出る光を、熱を介さずに直接使います。今から50年近くまえの1967年、東京大学の学生だった藤嶋昭氏（1942-）は、溶液中に置いた二酸化チタンの電極に光を当てると、泡のようなものが出ていることを見つけました。実はこの泡は、酸素だったのです。つまり光によって水が分解し、酸素と水素が発生したのです。これは、まさに太陽の光を使って、水からクリーンエネルギーである水素を作ることができるということです。この現象を、指導教官の本多健一（1925-2011）との名前をとって、「本多・藤嶋効果」と呼んでいます。この時の二酸化チタンのことを「光触媒」と言っています。

ところが、太陽の光を使って化学反応を起こすと言うことは、すでにすべての植物がやっています。光合成です。光合成は、太陽光を使って「水」と「二酸化炭素（炭酸ガス）」から「炭水化物」と「酸素」を作ります。光合成によってできた炭水化物はエネルギー源になりますが、炭水化物を燃やすと、また二酸化炭素が発生するので、温暖化の原因になってしまいます。これに対して本多・藤嶋効果では、太陽の光を使って「水」から「水素」と「酸素」だけを作ります。水素はもちろんエネルギー源で、燃料として燃やせば、水になるだけです。つまり究極のクリーンエネルギーと言っていいでしょう。

ところで、なぜ二酸化チタンが光触媒になるのでしょうか？正確に説明するには1冊の本になってしまいますので、イメージで簡単に説明しましょう。

図44を見てください。何回も出てきた半導体のバンドギャップの図です。普段は価電子帯に電子が詰まっていていますが、温度を上げるなど何か刺激を与えると、電子が上の伝導帯というところに押し上げられ、電気が流れます。

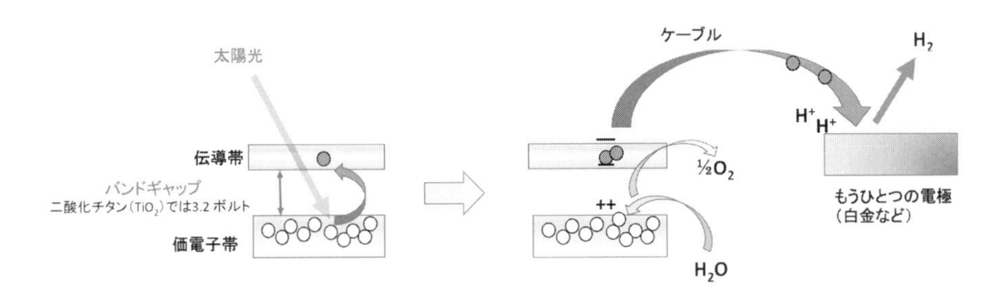

図44　二酸化チタンから太陽光により水素が発生する仕組み

この場合は太陽光が刺激の役割を果たします。バンドギャップというのが、価電子帯と伝導帯のエネルギー差なのですが、二酸化チタンの場合は、このバンドギャップが3.2ボルトくらいあります。この3.2ボルトというのが、ちょうと紫色から紫外線の領域にあり、太陽光を効率よく使うのに適しています。

さて、電子が上の伝導帯に押し上げられると、その電子が抜けたところが、プラスになります。そのプラスの場所に水分子が近づいてくると、水から電子をとってしまいます。そうすると、水分子は、酸素分子と、水素イオン（H^+）に分かれます。一方、伝導帯に上げられた2つの電子は、もう一つの電極にケーブルを介して移動します。この電子と、生成した水素イオンがくっついて、最終的に水素分子を発生させます。要するに、太陽の光は熱として利用されているのではなく、二酸化チタンの価電子帯にある電子を、上の伝導帯に押し上げるのに使われています。これは太陽光の非常に有効な利用法といえます。

この二酸化チタンを光触媒に使った水からの水素製造法は、余計な物質を全く出さないため、究極のエネルギーとして期待されていますが、まだまだ水素の生成効率が悪いため実用化されていません。今後の効率の向上が期待されます。

Tl　タリウム
―高温超伝導―

81 Tl

ニオブのところで「超伝導」の説明をしました。繰り返しますと、超伝導というのは、物質の電気抵抗が低温でゼロになることで、さまざまな応用が期待されている現象です。今までに色々な物質が超伝導になることがわかっています。金属の場合は、ニオブとチタンの合金が加工もしやすいので、超伝導材料としてリニアモーターなどに使われています。しかし、このニオブチタン合金が超伝導になる温度は、マイナス263度という、とてつもない低温です。そこでもっと高い温度で超伝導になる物質の探索が盛んにおこなわれてきました。かつては、超伝導になるのは金属だけだという固定観念がありました。

ところが、1986年にスイスの研究者が、「ある種の酸化物がマイナス243度で電気抵抗がゼロになる」という論文を発表して大騒ぎになりました。ただ、この論文では「電気抵抗がゼロになる」とだけ書いてあり「超伝導」とははっきり書いてありませんでした。しかしこれが超伝導だということがすぐに確認され、この酸化物の超伝導を発見したミュラー（1927-）とベドノルツ（1950-）の2人は、なんとその翌年にノーベル物理学賞を受賞しました。だいたいノーベル賞というのは、ある発見があると、それが確認されて世界に認められるまで長い年月がかかるのが普通ですが、発見後1年で受賞したというのは異例中の異例です。この時、ミュラーとベドノルツが発見したのは、ランタン（La）、バリウム（Ba）、銅（Cu）、そして酸素（O）の化合物でした。この発見に刺激され、多くの研究者が、もっと高い温度で超伝導になる物質を探し始めました。翌年には、次々と高い温度で超伝導が起こる酸化物が見つかりました。その中のひとつに、今回取り上げるタリウム（Tl）を含んだ酸化物があります。

タリウムなどという元素は、それまで化学者もあまり材料として使ったことがありませんでした。このタリウムを含む超伝導物質の組成はいろいろありますが結構複雑で、タリウム（Tl），バリウム（Ba），カルシウム（Ca），銅（Cu）、そして酸素（O）です。その後、いろいろな超伝導体が発見されて現在に至っていますが、現在でも、もっとも高い温度で超伝導になる物質は、やはりタリウムを含んでいます。その物質は、先ほどの物質にさらに水銀（Hg）を加えたものです。その組成は、何とHg12-Tl3-Ba30-Ca30-Cu45-O127というものです（数字は元素の数）。この物質が超伝導になる温度は、マイナス135度です。ただ、自然というのはそんなに複雑なのでしょうか？もっと単純で美しい組成をもち、しかも高温で超伝導になる物質があるかもしれませんが、まだ発見されていません。マイナス135度というと、まだまだ相当冷やさなくてはなりません。多くの研究者が目指しているのは、室温で超伝導になる物質です。そういう物質が本当にあるのかどうかも、まだわかっていません。

ただ、タリウムを含む酸化物が高温で超伝導になることがわかったとき、「タリウムは毒性がある」と言うことで問題になりました。化学に詳しくない物理学者も、タリウムが毒性を持つことを初めて知った人が多かったと思います。タリウムの毒性に関しては、最近女子学生が同級生ら男女２人に猛毒の硫酸タリウムを飲ませたとして殺人未遂容疑で逮捕されるという事件が起きました。タリウムはかなり特殊な試薬で、相当な専門家でないと手に入りませんし、化学の実験室ではこういった毒物は厳重に管理されています。したがってタリウムを使ったことがわかると、入手ルートなどはすぐにわかってしまい、その結果犯人も比較的容易に特定されてしまいます。それにしてもタリウムを飲ませたというのは極めて特異な事件でした。

Tm　ツリウム
――読めるでしょうか？――

69 Tm

かなりマイナーな元素です。Tm と書いて読める人はかなり少ないでしょう。トリウム？タリウム？いや、「ツリウム」です。英語だと「thullium」なので、最初の「ツ」は「ス」に近いかもしれません。ツリウムは希土類元素の仲間ですが、その中でも特にマイナーな元素です。安定な同位体がないプロメチウム（Pm）を除いた 13 種の希土類元素のうち、ツリウムの宇宙における存在度は、ルテチウムと同じくらい（ケイ素を 100 万としたときに、約 0.04）で最下位です。地殻における存在度も、やはりルテチウムと同じ（ケイ素を 100 万としたときに、約 0.3）で最下位です。これほどマイナーな元素なので、ほとんど実用的には使われていません。

ツリウムが少ないのは、プロメチウム（Pm）のところでふれましたが、ツリウムの原子番号が 69 と奇数だからです。原子番号が奇数だと、中性子の数に制約が生じます。プロメチウムの場合は、その制約が大きすぎて、安定な核種がありませんでした。ツリウムの場合も安定な核種の範囲が狭く、結局中性子の数が100個のツリウム-169が唯一の安定な核種です。

ところが、放射性核種を含めた同位体の数となると、ツリウムは中性子数が76個のツリウム-145から、110個のツリウム-179まで、何と31種類もあります。ツリウムの存在度が小さく安定な同位体が1個しかないという事実と、少々矛盾しているような気がします。どういうことでしょうか？

最近は放射性元素を作ったり測ったりする技術が格段に進みました。まず作る方ですが、放射性核種を作る一般的な方法は、安定な原子に中性子を打ち込む方法です。中性子は電荷をもっていませんから、原子核の中に簡単に入っていきます。これによって、最初の元素より中性子がひとつ多い核種を作ることができます。一方、電子やイオンは、プラスやマイナスの電荷を持っていますから、原子核の中に容易に入っていきません。ところが最近は加速器という装置が発達し、これを使って水素イオンや重い原子のイオンなどの粒子をものすごい速さに加速し、固体の中に打ち込みます。そうすることにより、全く新しい核種を作ることができるようになりました。

次に測る方です。昔は半減期が短くて、あっという間になくなってしまう核種は測ることができませんでした。ところが計測の技術が発達し、上のように加速器で一瞬だけ生成した核種を、壊れる前に測ることができるようになりました。実際、31種類あるツリウムの同位体の半減期は短いものが多く、例えばツリウム-145という核種は、3マイクロ秒（1秒の30万分の1）しかなく、あっという間に原子番号がひとつ少ないエルビウムに変わってしまいます。このように科学技術が発達すると、これからも新しい核種がどんどん発見されるかもしれません。

U　ウラン
―色ガラス―

92U

英語で「ウラン」と発音しても、日本人とドイツ人しかわかりません。英語は「uranium」ですが、これは「ユレーニアム」と読み、「レ」の部分を強く発音します。

かつては、手塚治虫の鉄腕アトムにでてくる「ウランちゃん」のように、「ウラン」は先端科学の象徴としていいイメージがありました。けれども原子力発電所の事故が頻発したため、その燃料として使われているウランも、そのとばっちりを受けて、「危なくて怖い」というイメージの元素になってしまいました。原子力発電の燃料としてのイメージが強いウランですが、実は人類の歴史においては、核分裂が発見される前から、普通の材料として使われていました。それというのも、ウランは地殻の中にかなりたくさんあり、採掘が比較的容易だからです。地殻中におけるウランの存在度は、全元素中51番目ですが、これは金や銀よりも多く、重い元素としては異例の多さです。

ウランが最も多く使われていたのは着色材料としての利用です。希土類元素のところで説明しましたが、希土類元素の化合物は、ちょうど可視光線を吸収する性質があります。ウランの化合物も希土類と同じように、可視光の領域に吸収帯があります。そのため酸化物は緑色から黄色をしています。特にガラスに混ぜると、美しい蛍光色を呈します。このようなウラン入れた装飾ガラスは、なんと2000年も前に、すでにナポリで作られていたそうです。それが18世紀から19世紀にかけて、ヨーロッパで大量生産されるようになりました。現在のチェコは、きれいな色に輝くボヘミアングラスで有名ですが、その中で緑色に輝く美しいグラスには、ウランを添加したものがあります。ただ、ウラン添加ガラスの製造は、最近では安全面から減っています。これも、ウランのイメージ低下のためでしょう。「ウラン入りガラス」などと言われれば、ちょっと買うのを躊躇してしまう人も多いでしょう。

さて、長い間材料として普通に使われていたウランですが、その存在を劇的に変えたのが1896年と1938年に起こった2つの出来事です。すでに出てきた話ですが、繰り返しましょう。

最初の出来事は、1896年のことです。パリのアンリ・ベクレルが、引き出しに入れておいたウラン鉱石を取り出してみて驚きました。ウラン鉱石の隣に置いてあった写真乾板が感光していたのです。引き出しに入っていたので、乾板が感光したのは太陽やランプの光ではありません。つまりウランから自発的に何らかの光線（この時はベクレル線と呼ばれていた）が出ていることを発見したのです。ちょうどその2年後にキュリー夫妻がポロニウムとラジウムから同じような光線が出ていることを見つけ、これを「放射線」と名付けました。

第2の出来事は、1938年です。ドイツのオットー・ハーンらが、ウランに中性子を当てる実験をしていたところ、予想外に全然ウランと関係のないバリウムができていることを見つけました。核分裂の発見です。このことにより、ウランは膨大なエネルギーを放出する物質であることがわかりました。それまではエネルギー源といえば、石炭や石油のように、「燃やす」、つまり酸素と化合させる反応によるものがほとんどでした。これらは化学結合の変化によるエネルギー、つまり電子を使ったエネルギーです。ところが、核分裂という、原子核の変化に基づく全く新しいエネルギー源を人類は手に入れました。

ハーンらがウランの核分裂を発見したのが1938年ですが、時代がよくありませんでした。不幸なことに、1938年というと第2次世界大戦前夜で、各国は軍事研究に力を入れていました。核分裂発見のニュースは、瞬く間に世界に広がり、それがアメリカによる核兵器の製造と、広島への原爆投下につながったことは言うまでもありません。

歴史をひもとくと、核分裂に限らず先端科学というのは、常に軍事研究と結びついています。コンピューターは大陸弾道弾の飛行軌跡を計算するために発達しました。様々な化学薬品の合成は、毒ガスや生物兵器の研究で大いに発展したことは事実です。最近、無人飛行する「ドローン」が首相官邸で発見され、その安全性や使い方が問題になっています。しかし「ドローン」などというのはまだまだ些細なもので、ロボットや人工知能といった先端技術が悪用されたら大変です。いやすでに、これらは戦争に使われています。先端科学や先端技術を研究開発するのは科学者や技術者の役目ですが、同時にその使われ方にも責任を持たなければなりません。最先端の科学は人類の幸せのために使うものです。ウランという元素の歴史を顧みると、そう感じるのは私だけでしょうか？

V　バナジウム
―ミネラルウォーター―

23 V

ヨーロッパで暮らすと飲み水に苦労します。特にドイツの水道水は硬水といって、そのまま飲むとおなかをこわしてしまいます。ミネラルウォーターを買って飲めばいいのですが、このミネラルウォーターは、ビールよりはるかに高く、おまけにドイツのミネラルウォーターの多くは炭酸が入ったすこぶるまずい代物です。もちろんフランス製のエヴィアンなども売っていますが、はるかに高価です。レストランでも困ります。日本のように水は出ません。安いビールを飲めばいいのですが、飲めない人は、例の炭酸の入った高いミネラルウォーターを注文するしかありません。

ところで、「ミネラルウォーター」という言葉でちょっと混乱します。「硬水」というのは、多量のミネラルが入っているからですが、その硬水が飲めないために「ミネラルウォーター」を飲むというのは、少々おかしいですね。ミネラルウォーターのミネラルというのは、鉱石から溶け出した有機物以外の成分で、主に鉄やマグネシウムなどの金属イオンのことです。天然の水には、かならずこういった金属イオンが含まれていて、それが微妙な水の味に影響を与えます。その金属イオンのひとつにバナジウムがあります。ある飲料会社が、ずばり「富士山のバナジウム天然水」というミネラルウォーターを販売しています。富士山には玄武岩が多く、富士山から湧き出た天然水にはバナジウムが豊富に含まれていることは事実です。この富士山のバナジウム天然水がおいしいかどうか、私にはよくわかりません。ただ、バナジウムが健康に良いという話はあります。バナジウムを摂取すると、血糖値が下がるというのです。バナジウムがインシュリンの効き目を上げるからだといわれています。ただ、これを発表した人のデータによると、20人に対してバナジウム水を飲んだグループと普通の水を飲んだグループに分けて結果を見ところ、バナジウム水を飲んだグループの方が血液中のインスリン値が4分の3に抑えられたということです。しかし、実験科学の常識から考えると、こんなに少ないデータで結論を得るのは危険のような気がします。しかも、2つのグループで、水以外の条件をすべて同じにしなくてはなりませんが、そんなことは不可能です。だいたいにおいて、「何々が体に良い」という研究は、こういった不正確な情報に基づいたものが多いので注意しなければなりません。

人間にとってバナジウムが必要かどうかは、まだ正確にはわかっていません。ただ、生物の中には、バナジウムを好んで摂取するものがあることは事実です。海にいる「ホヤ」という脊索動物（せきさくどうぶつ）は、好んでバナジウムを摂取するようで、このホヤの中には何と海水の400万倍もの濃度のバナジウムが入っています。これだけ選択的にバナジウムを摂取すると言うことは、バナジウムがホヤにとって、何らかの機能をする必要な元素であることを示しています。このように、ある生物が特定の元素だけを選択的に取り込むことを「生物濃縮」と呼んでいます。もっとも、生物濃縮というのは当たり前のことで、私たちの体の中には骨として大量のカルシウムがありますが、私たちが摂取する水や野菜、果物の中には、それほどのカルシウムは入っていません。つまり、多くの動物は骨の材料としてカルシウムを生物濃縮しているのです。

W　タングステン
――放射線を防ぐ服――

74 W

タングステンの元素記号は「W」です。これはドイツ語の「Wolfram」からきています。実際、タングステンが最初に発見されたときは、ドイツ語でWolframと名付けられましたが、その後tungstenに代わりました。このtungstenはスウェーデン、デンマーク、ノルウェーなどのスカンジナビア諸国の言葉で「重い石」という意味です。確かにタングステンは重い石のようです。それはまず、比重が大きいことです。金属タングステンの比重は19.3ですから、鉛の倍近くあり、金と同じくらいです。もうひとつ石と似ているのは、硬くてもろいことです。タングステンの線を折り曲げると、曲がることは曲がりますが、針金のように元には戻らず、折れてしまいます。実はタングステンは非常に硬いために、圧延して金属を作るのではなく、タングステン金属の粉を固めて、棒や板を作るのです。ですから微粒子の塊といった感じで、伸ばしたり折り曲げたりすることは難しく、すぐに割れたり切れたりしてしまいます。ちょっと金属らしくない金属です。

さらに金属らしくないのは、電気抵抗が高いことです。これは電球などのフィラメントとして使うときには有利です。電気抵抗が小さすぎると、光らせるのにフィラメントを細くしなければなりませんが、あまり細くすると強度がなくて切れてしまいます。タングステンの融点が高いこともフィラメントに有利です。現在でも真空を使った様々な実験でタングステンフィラメントは使われています。ただ、電球のフィラメントの方は、電球自身がLEDなどに代わっているので、需要は減っています。

その他、タングステンは、重いと言う性質を使って様々なところで利用されています。先ほど金と比重が同じくらいと書きましたが、これは金の模造品を作るのにうってつけです。タングステンは黒っぽい金属ですが、表面だけ金で覆えば、持った感じがずしりと重くてわかりません。また、重いという性質を使って、鉄砲の弾としても使われています。

最近話題になったのは、原発など放射線の強い場所で使う「放射線防護服」です。ひとくちに放射線防護服といっても色々なものがあります。放射性物質の塵を吸い込まないようにするものもありますし、単に放射性物質が衣服などにくっつかないようにする白衣のようなものもあります。しかしここでいう放射線防護服は、ガンマ線が出ているような場所で、体への被ばくを避けるための服です。ガンマ線を遮蔽するためには、基本的には重いものでなければなりません。しかし、まさか厚い鉛の板を背負って歩くわけにもいきません。そういう点ではタングステンも同じです。より遮蔽効果を上げるためには厚くしなければなりませんが、それだと重くなってしまいます。この話題になった放射線防護服も、結局は軽くすることができず、多少動きやすくしただけにすぎません。科学の常識には反しますが、もし「軽くてガンマ線をよく止める」物質があれば大発見でしょう。

Xe　キセノン
――核実験を見破る――

54 Xe

日本語で「しりとり遊び」をすると、「ん」で終わる言葉を言ったら負けです。英語にも「しりとり遊び」はあります。英語の場合はどうでしょうか？特にルールはよく知りませんが、「X」で終わると、次の人が困ります。1万語が載っているある英語辞典を見たら、「X」で始まる単語は15個くらいでした。しかもその中には、「Xmas」、「X-ray」のような合成語がありますから、純粋にXで始まる単語は数えるほどしかありません。その中のひとつが、今回取り上げるキセノン（xenon）です。

英語で「キセノン」と言っても、まず通じません。英語では「ゼノン」、正確には「ズィーノン」と発音します。同じように発音する化学用語に、xyleneがあります。これも日本では「キシレン」と言われていますが、英語の発音は「ザイレン」、あるいは「ズィーレン」です。

さて、キセノンは今まで何回か出てきた希ガスの仲間です。ですから、ほとんど化学反応しません。この「ほとんど」が重要で、実はキセノンは化学反応することがありまあす。しかも驚いたことに安定な化合物を作ります。どうしてそうなのかと言うことを理論的に説明するのは少々難しいと思います。ただいえることは、キセノンは原子が大きいことが理由のひとつです。原子が大きいと、一番外側の電子は、原子核から離れているので、その内側にある電子が原子核のプラスの電荷を遮ってしまうために、イオン化しやすくなっていると考えられます。

キセノンは一番外側の電子の軌道に8個電子があって安定です。ですから無理やり化合物を作るとすると、キセノンはプラスなってもマイナスになってもよさそうです。ただ、一般論でいうと、中性の原子というのは、真空中では電子が1個くっついてマイナスイオンになるより、電子が1個取れてプラスになる方が安定です。キセノンから電子が1個取れてキセノンがプラスイオンになると言うことは、相手は電子を1個受け取ってマイナスになりやすい元素と言うことになります。それはフッ素（F）です。

キセノンとフッ素の化合物は、いくつかありますが、どれも固体で存在します。試薬として買うこともできます。ただ、いずれも空気中の水と反応するので、乾燥状態で保存しないと分解してしまいます。

さて、キセノンには放射性のものもあり、福島第一原子力発電所の事故でも問題になりました。キセノン-133という放射性核種は、ウランが核分裂した時にできる元素としては、セシウム-137について多い核種です。これは生成する重量のことですが、キセノン-133は半減期が5日と短いため、核分裂直後では、最も放射線が強い元素です。ただ、原発事故で問題になるのは、放射性のヨウ素や放射性のセシウムで、キセノンはそれほど話題になりません。なぜでしょうか？

それは、化学的な性質の違いにあります。キセノンは希ガスですから、原子力発電所が水素爆発した時、そのまま上空に放出されたと考えられます。一方、ヨウ素やセシウムは、エアロゾルや微粒子と結合したり、雨水に溶けたりして原発近くに落ちました。上空に放出されたキセノンは、どんどん成層圏まで上っていき、あっという間に世界中に広がってしまったと考えられます。実際海外の放射線検出器でも、原発事故直後にキセノン-133が検出されています。ただ、半減期が短いので、被害を及ぼすことなく、あっという間になくなってしまったのです。

このことを利用すると、キセノン-133は原発事故だけでなく、核実験などを検知するのに利用できます。ある国が、秘密裏に核実験を行っても、キセノン-133があっというまに世界中に広がるために、すぐわかってしまいます。しかも、ウラン型とプルトニウム型で放出されるキセノンの組成が違うので、どのような型の原爆なのかもわかってしまいます。原子爆弾は早く全世界からなくなるといいですが・・・。

Y　イットリウム
―1文字の元素―

39 Y

元素記号は英語1文字か2文字で、できています。1文字の元素は、メジャーな元素が多く、当然ながら水素（H）、炭素（C）、窒素（N）などの軽い元素がほとんどです。元素が重くなるほどマイナーな元素が多くなりますし、そもそも発見されたのがだんだんと後になりますから、1文字の元素はあまりありません。今回取り上げるイットリウムは、元素記号がYの1文字だけですが、周期律表を見ると上から5番目の行（第5周期ともいう）にあり、原子番号も39番とかなり大きい方です。しかも「イットリウム」と聞いてどんな元素かわかる人はあまりいないでしょう。イットリウムより重くて英語1文字の元素は、ヨウ素（I）とウラン（U）だけです。ずいぶんとイットリウムは厚遇されている感じです。

その理由は、イットリウムが発見されたのが1794年と元素発見の歴史の中でもずいぶん早い方だったことがあるでしょう。テルビウムのところで述べましたが、スウェーデンの寒村である「イッテルビー」という村の鉱山で発見されました。その後、次々とこの鉱山から希土類元素が発見されました。じつは、次に述べる「イッテルビウム」も、同じイッテルビーの鉱山からとった名前です。つまり同じ地名が、2つの元素名になっていることになります。しかも、テルビウム（Tb）、エルビウム（Er）も、何と同じ「イッテルビー」からとった名前です。つまり、イッテルビウム、テルビウム、エルビウム、イットリウムの4つの元素の名前は、すべてイッテルビーに由来する名前です。

さてそのイットリウムですが、一般的には希土類元素の仲間に入れられます。定義によると、希土類というのは、スカンジウム（Sc）、イットリウム（Y）の2つの元素と、ランタノイド、すなわちランタン（La）からルテチウム（Lu）までの15元素（ランタノイド）の計17元素の総称です。ランタノイドについては説明したのですが、なぜそれにスカンジウムとイットリウムの2つを加えて、また希土類という別の定義をするのでしょうか？

図45で説明しましょう。これは元素の一番外側の電子の軌道を表したもの

です。上に行くほど不安定になります。一番右のランタノイド元素の最初は「ランタン（La）」ですが、この場合は、5d軌道に1個と6s軌道に2個の、計3個の電子が一番外側にあります。そしてランタノイド元素は原子番号が一つ大きくなると、順番に4f軌道というところに、ひとつずつ電子が入っていきます。元素の化学的性質を決めるのは一番外側の軌道の電子です。ところが、4f軌道というのは一番外側にあるのではなく、すこし内側にあります。ですから15個のランタノイド元素の化学的性質は、5d軌道にある1個の電子と、6s軌道にある2個の電子が決めています。実際、ランタノイド元素は、この3個の電子が取れて、プラス3価のイオンになりやすいという性質を持っています。

さて、ランタノイドよりずっと原子番号が小さいスカンジウムとイットリウムの一番外側の電子の軌道を左に書きました。スカンジウムは3dと4s、イットリウムは4dと5sという軌道が最も外側にありますが、ちょうどその電子の数が、d軌道に1個、s軌道に2個と、ランタノイドの場合とまったく同じになっています。ですから、スカンジウムとイットリウムも、この3個の電子が抜けてプラス3価のイオンになりやすいという性質は、ランタノイドと非常によく似ています。

スカンジウムとイットリウムは、化学的な性質がランタノイドとよく似ているため、ランタノイドが入っている鉱石の中にたくさんあります。ですから、イッテルビーの鉱石の中からイットリウムだけでなく、イッテルビウム、テルビウム、エルビウムという多くのランタノイド元素が見つかったというわけです。

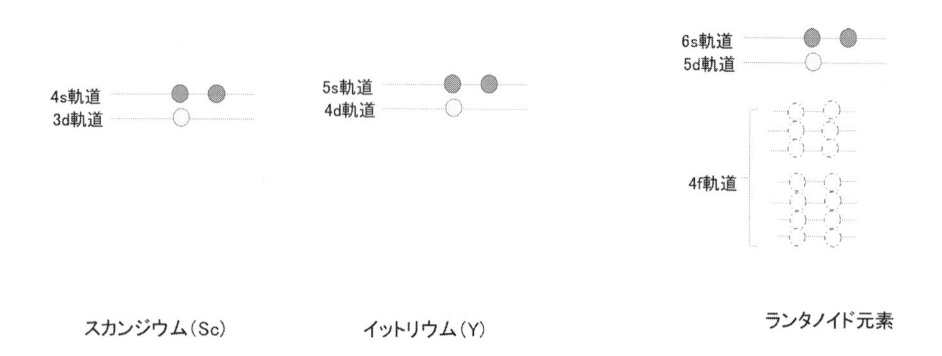

図45　希土類原子の電子配置

Yb　イッテルビウム
――同じ地名――

70 Yb

イットリウムの次はイッテルビウムです。この2つの名前が似ていることの説明は前回しましたが、ともに希土類元素で、化学的な性質も似ているから厄介です。実は、イットリウムとイッテルビウムの違いを正確に説明できる人は専門家でも少ないようです。実際、イットリウムとイッテルビウムを間違える研究者もいます。以前、こういうことがありました。

タリウムのところで酸化物の高温超伝導について述べました。繰り返しますが、1986年にスイスの研究者が、「酸化物がかなり高温で超伝導になる」ことを発見し、その直後から多くの研究者が、先を争ってもっと高い温度で超伝導になる物質を探し始めました。その時試された物質は、銅を含んだ酸化物で、一部分を、いろいろな金属で置き換えると、より高温で超伝導になるらしいと言うことで、多くの人がいろいろな金属を試しました。そのとき「イットリウムを使うといい」という噂が飛び交い、猫も杓子もイットリウムと銅（その他いろいろ）をまぜた酸化物を作って電気抵抗の測定をしたのです（実際に、イットリウム、バリウム、銅を混ぜた酸化物が非常に高い温度で超伝導になることが発見されています）。ところが「イットリウムがいい」という噂を、「イッテルビウム」と勘違いした研究者がたくさんいて、あっという間にイッテルビウムの価格が高騰し、挙句の果ては在庫がなくなり、手に入らなくなりました。もともと「イッテルビウム」などというマイナーな元素を研究している人はほとんどおらず、生産量も少なく、研究用の試薬を売るメーカーも、あまりイッテルビウムなど、そろえていなかったのでしょう。ただ、イットリウムとイッテルビウムはともに希土類元素で似たような性質を持っているので、イッテルビウムを使っても、超伝導にはなるので、ますます話がややこしくなってしまいます。

さて、そんなイッテルビウムですが、他の希土類元素と同じように、ガラスに着色したり、光学材料として使われています。また、固体を使った赤外線レーザーへの添加物としても使われています。イッテルビウムを添加したレーザーの特長は、強くて安定な光が得られることです。

Zn　亜鉛
―ブラスバンド―

30Zn

ブラスバンドというと、日本では吹奏楽と訳されます。しかしこれは正確な訳ではありません。ブラスバンドは、トランペットやトロンボーンなどの金管楽器に打楽器が加わったものですが、日本のブラスバンドには、クラリネットなどの木管楽器も入っています。日本の吹奏楽に当たる正式の英語は、「ウィンド・バンド」です。そのブラスバンドの「ブラス」というのは、トランペットなどの金色に輝く金属の真鍮（しんちゅう）のことです。木管楽器にも、サキソフォーンやフルートなど、真鍮製のものがあります。真鍮というのは、安くてきれいに輝いているうえ、加工しやすいので、一般の家庭でも釘やネジとして使われています。現在の５円硬貨も真鍮製です。

この真鍮というのは、銅に亜鉛を混ぜた合金です。銅の合金と言えば、銅とスズを混ぜた「青銅」が、古代から使われていました。それに比べて真鍮の方は、それほど広くは使われていませんでした。しかし真鍮の歴史は古く、古代ギリシャのキプロス島あたりで使われていたそうです。このキプロス島というのは銅の生産地として名高く、何を隠そう銅の元素記号「Cu」は、キプロスからとったものです。このように歴史が古い真鍮ですが、それほど普及しなかったのは、亜鉛を製錬することが難しかったからと考えられています。沸点が低いので、加熱すると蒸発してしまうためです。

さて亜鉛は真鍮としての利用以外にも、金属のメッキや電池の電極材料としても広く使われています。また最近、青色発光ダイオード（青色LED）としての応用が注目されました。青色LEDと言えば、2014年に日本人3人がノーベル物理学賞を受賞したことで広く知られるようになりました。ただしこの3人が開発したのは、「窒化ガリウム」です。この窒化ガリウムは作るのが難しいこともありますが、ガリウムの値段が高いために、製品としても価格が高くなってしまうという難点があります。それに代わる青色LEDとして、酸化亜鉛を使う案が注目されています。なぜ酸化亜鉛なのでしょうか？

復習になりますが、図46を見てください。これは周期律表の一部を拡大したものです。亜鉛（Zn）はガリウム（Ga）の左隣にあります。一方、酸素（O）は窒素（N）の右隣にあります。つまり亜鉛はガリウムより電子がひとつ少なく、酸素は窒素より電子がひとつ多いことになります。ということは、窒化ガリウムと酸化亜鉛は、全体として電子の数が同じと言うことです。実際、窒化ガリウムと酸化亜鉛は性質がよく似ています。発光ダイオードで最も重要なバンドギャップも、ほぼ同じです。ですから酸化亜鉛から出る光は、窒化ガリウムと同じ青色になります（実際は紫外線領域で、それを可視光の青色に変換している）。亜鉛はガリウムに比べて価格が10分の1程度と安く、しかも酸化亜鉛の発光効率は窒化ガリウムの10倍も高いといわれていて、今後の普及が期待されます。

	III	IV	V	VI	VII
	B	C	N	O	F
	Al	Si	P	S	Cl
Zn	Ga	Ge	As	Se	Br

図46　周期律表の一部

Zr　ジルコニウム
——原子炉の燃料を覆う——

40 Zr

周期律表の元素を、元素記号のアルファベット順に並べて、いろいろと語ってきましたが、ついに最後のジルコニウム（Zr）まで来てしまいました。周期律表を見てください。ジルコニウム（Zr）は、チタン（Ti）の下にあります。ですからチタンとジルコニウムは非常に性質がよく似ています。電子が4個取れて、プラス4価のイオンになりやすいという性質を持っています。2個の酸素とくっついた二酸化ジルコニウムという化合物が非常に安定です。これにケイ素が加わった化合物は、そのままズバリ「ジルコン」と呼ばれていて、美しく輝く宝石としても有名です。宝石というと非常に高級なイメージがあります。けれども多くの宝石というのは、ありふれた金属の酸化物です。たとえば、サファイアやルビーはアルミニウムの酸化物ですし、エメラルドはベリリウム、ケイ素、アルミニウムの酸化物です。美しく輝くのは、結晶性が良くて、適当な不純物が入っているからです。

さて、ジルコニウムの酸化物はそれだけで非常に安定ですが、さらにそれにイットリウムの酸化物を少しだけ添加すると、もっと安定になります。これを「安定化ジルコニア」と呼んでいます。高温でも構造が変わらずに安定なので、エンジンやブレーキなど耐火性の必要な部分に使われています。また、この安定化ジルコニアは電気を通すセラミックスとしても使われえています。金属の酸化物が電気を通すという例は結構あります。バンドギャップがゼロとなるような金属と酸素の組み合わせを考えればいいわけです。バンドギャップがゼロならば、電子は自由に動き回ることができます。ところが、この安定化ジルコニアは、「電子が動き回るから電気が流れる」というわけではありません。実はプラスのイオンが電気を流すのです。ちょっと不思議に思われるかもしれません。電気の流れというのは、電子の流れです。電子がAという場所からBという場所に動くと、電流が逆の方向、すなわちBからAに流れると習ったはずです。けれども、もっと基本的な話として、電気というのは電荷の流れです。別にマイナスの電子が流れなくても、「プラスの何か」が流れてもいいでしょう。固体の場合は、この「プラスの何か」というのが、プラスのイオンになっています。実は酸化物の中には、こういったイオンが電気の流れを取り持つ物質が多くあります。「固体電解質」とも呼ばれていて、燃料電池の発電材料や電解コンデンサーでは重要な役割を果たしています。

ジルコニウムは、その他に原子力発電でも重要な材料となっています。多くの原発の燃料というのは、ウランの酸化物でできています。それが核分裂を起こして、膨大な熱を発生します。その熱を冷却水という水で外側に運びタービンを回して発電します。ただ、ウランの酸化物を直接水に触れさせるわけにはいきません。というのは、ウランが核分裂すると、いろいろな元素ができて、それと水が様々な反応を起こすので危険です。そこで、ウラン酸化物燃料を、融点の高い金属で覆っています。それがジルコニウムです。実際はスズなどを少し添加した「ジルカロイ」という合金です。ジルコニウムは中性子をほとんど吸収しません。ですからウランが核分裂して発生した中性子を無駄なく次の核分裂に使うことができます。

ただ問題点もあります。ジルコニウムは融点が高く安定なので、高温で水と接触してもあまり反応はしませんが、全く反応しないかというと、そうとも言い切れません。ジルコニウムの表面と高温の水が反応して水素を発生することがあります。その反応は、強い放射線があると促進するとも言われています。なにしろ原発の燃料の真近ですから、放射能は非常に強い場所で使われます。水素はちょっとしたことで爆発しますし、酸素と適当な割合で混ざると、猛烈な勢いで爆発します。原子力の安全にとっては、ジルコニウムと水の反応をきちんと明らかにすることが重要です。

おわりに

原子番号1番の水素（H）から、原子番号94番のプルトニウム（Pu）までの元素について、元素記号のABC順に、その元素にまつわる「よもやま話」を思いつくままに気ままに語ってきました。最初にも述べましたが、元素に関する基本的な話は、次に示す多くの参考文献やインターネットの「ウィキペディア」などを調べれば、簡単にわかります。そこで元素発見の歴史や、元素にまつわるエピソードさらには私自身の経験などをおりまぜながら書き進みました。その結果、話があっちこっちに飛び、読みにくい面があったかもしれません。ご容赦ください。また、なるべく全部の元素を均等に取り扱おうとした結果、聞いたことがない元素については退屈だったでしょうし、水素や炭素のようなメジャーな元素に関しては、その元素のほんのごく一部だけしか触れることができず、舌足らずに終わってしまいました。しかし本書を通じて元素の「美しさ」、「面白さ」、「不思議さ」をすこしでも感じていただければ幸いです。

参考文献

元素や周期律表を扱った書籍や論文はたくさんありますが、ここでは本書で主に参考にした元素に関する文献およびエピソードとして取り上げた科学史に関する本を発行年順にあげるにとどめます。

1) ポーリング「化学結合論」小泉正夫訳（共立出版、1968）
2) ピメンテル、スプラトリー「化学結合　－その量子論的理解－」千原秀昭、大西俊一訳（東京化学同人、1974）
3) 井口洋夫「基礎化学選書 1. 元素と周期律」（裳華房、1969）
4) 吉沢康和「元素とは何か―核化学が開く世界」（ブルーバックス、1975）
5) 中原勝儼「電子構造と周期律」（培風館、1976）
6) 斎藤一夫「元素の話（化学の話シリーズ（1））」（培風館、1982）
7) 大沼正則「元素の事典―先端技術の基礎を知る」（三省堂、1985）
8) カレーリン「化学元素のはなし」小林茂樹訳（東京図書、1987）
9) 矢野暢「ノーベル賞―二十世紀の普遍言語」（中公新書、1988）
10) 吉里勝利「からだの中の元素の旅―微量元素のはたらきを探る」（ブルーバックス、1989）
11) 木村優「微量元素の世界」（裳華房、1990）
12) 日本化学会編「嫌われ元素は働き者（一億人の化学）」（大日本図書、1992）
13) プリーモ レーヴィ「周期律―元素追想」竹山博英訳（工作舎、1992）
14) 馬淵久夫編「元素の事典」（朝倉書店、1994）
15) D.N. トリフォノフ、V.D. トリフォノフ「化学元素発見のみち」阪上正信訳（内田老鶴圃、1994）
16) 桜井弘編「元素 111 の新知識―引いて重宝、読んでおもしろい」（ブルーバックス、1997）
17) 芝哲夫「化学物語 25 講―生きるために大切な化学の知」（化学同人、1997）
18) 小山慶太「肖像画の中の科学者」（文春新書、1999）
19) 馬場錬成「ノーベル賞の 100 年―自然科学三賞でたどる科学史」（中公新書、2002）
20) 渡辺正義、米屋勝利「物質科学入門」（化学同人、2002）
21) エムズリー「元素の百科事典」山崎昶訳（丸善、2003）
22) 村上雅人「元素を知る事典―先端材料への入門」（海鳴社、2004）
23) 富永裕久「元素（図解雑学）」（ナツメ社、2005）
24) ストラザーン「メンデレーエフ元素の謎を解く―周期表は宇宙を読み解くアルファベット」寺西のぶ子訳（バベル・プレス、2006）

25) 小谷太郎「宇宙で一番美しい周期表入門」(青春新書インテリジェンス、2007)
26) 小野昌弘「元素がわかる」(技術評論社、2008)
27) 寄藤文平「元素生活」(化学同人、2009)
28) エリック・シェリー「周期表―成り立ちと思索」馬淵久夫、冨田功、古川路明、菅野等訳(朝倉書店、2009)
29) 羽場宏光「イラスト図解 元素」(日東書院、2010)
30) 京極一樹 「いまだから知りたい元素と周期表の世界」(実業之日本社、2010)
31) ウィークス、レスター「元素発見の歴史」大沼正則訳(朝倉書店、2010)
32) 小山慶太「科学史年表」(中公新書、2011)
33) 吉田たかよし「元素周期表で世界はすべて読み解ける 宇宙、地球、人体の成り立ち」(光文社新書、2012)
34) 志村史夫「古代日本の超技術」(ブルーバックス、2012)
35) 齋藤勝裕「周期表に強くなる！配置や属性から見えてくる 元素の構造と特性」(サイエンス・アイ新書、2012)
36) 小山慶太「科学史人物事典 150のエピソードが語る天才たち」(中公新書、2013)
37) 中井泉「元素図鑑」(ベスト新書、2013)

《著者略歴》

馬場祐治（ばば　ゆうじ）

日本原子力研究開発機構　嘱託

1953年生

東京大学理学部卒業

日本原子力研究所（現：日本原子力研究開発機構）に勤務

同機構　研究主幹

兵庫県立大学　客員教授

佐賀大学　非常勤講師

などを経て現職

理学博士

元素よもやま話　——元素を楽しく深く知る——

2016年　10月　1日　初版 第1刷 発行

著　者　馬場　祐治

発行者　比留川　洋

発行所　株式会社 本の泉社

〒113-0033　東京都文京区本郷 2-25-6

TEL：03-5800-8494　FAX：03-5800-5353

http://www.honnoizumi.co.jp

印刷　株式会社新日本印刷　／　製本　株式会社村上製本所

ISBN 978-4-7807-1292-6　C0040